移动应用黏性与用户体验设计模式研究

Mobile Applications Stickiness and
The Design of User Experience Patterns

付久强 —— 著

北京理工大学出版社
BEIJING INSTITUTE OF TECHNOLOGY PRESS

版权专有　侵权必究

图书在版编目（CIP）数据

移动应用黏性与用户体验设计模式研究／付久强著. —北京：北京理工大学出版社，2018.4
　ISBN 978-7-5682-5556-1

Ⅰ. ①移… Ⅱ. ①付… Ⅲ. ①移动终端-应用程序-程序设计 Ⅳ. ①TN929.53

中国版本图书馆CIP数据核字（2018）第072156号

出版发行　／　北京理工大学出版社有限责任公司	
社　　　址　／　北京市海淀区中关村南大街5号	
邮　　　编　／　100081	
电　　　话　／　（010）68914775（总编室）	
（010）82562903（教材售后服务热线）	
（010）68948351（其他图书服务热线）	
网　　　址　／　http：//www.bitpress.com.cn	
经　　　销　／　全国各地新华书店	
印　　　刷　／　北京地大彩印有限公司	
开　　　本　／　710毫米×1000毫米　1/16	
印　　　张　／　13.5	责任编辑／王美丽
字　　　数　／　202千字	文案编辑／孟祥雪
版　　　次　／　2018年4月第1版　2018年4月第1次印刷	责任校对／周瑞红
定　　　价　／　55.00元	责任印制／李志强

图书出现印装质量问题，请拨打售后服务热线，本社负责调换

序言

本书是付久强老师在其博士论文的基础上修改完善而成的。从用户体验设计模式视角对移动应用黏性的形成机制进行了较为系统的研究。

移动应用黏性研究关注用户选择移动应用后的继续行为即用户的持续使用，这就要求产品不仅要吸引用户，而且要保留用户，与用户建立长期的关系。因此，移动应用具有什么样的特征才能吸引用户并使之成为该应用的长期用户就成了理论与实践探讨的焦点问题，这也是本书要解决的焦点问题。

本书主要围绕四个方面展开：一是分析移动应用黏性的内涵与分类。通过文献回顾，对移动应用黏性的概念进行梳理，将黏性分为用户黏性与应用黏性。用户黏性是从用户的心理与行为角度分析用户对移动应用的长期依赖；应用黏性是从移动应用产品所具有的质量特征角度探讨黏附性。二是解析移动应用用户体验模式的构成。通过对我国移动应用用户的人口统计特征与行为的研究，总结移动用户使用应用过程的一般行为，为建立用户体验模式打下基础。三是从用户的角度分析移动应用黏性的形成机理，发现关于黏性的影响因素。通过回顾现有的用户行为理论、网站黏性理论、顾客价值理论，结合移动应用自身的产品特点，构建移动应用用户黏性模型，该模型的研究结论并不针对应用黏性，而是直接指向用户黏性。四是解析黏性的影响因素，进而总结促进移动应用黏性的用户体验模式。鉴于用户黏性模型中总结的影响因素对设计学而言较为宏观，开发者不能直接将该理论运用于生产实践，针对这些黏性概念从设计实践的角度进一步展开剖析，最终的目的是作用于用户体验，产生现实的应用价值，这部分研究主要面向应用黏性。

本书一方面补充完善了现有移动应用黏性研究的不足，有助于深入了解移动用户的行为。另一方面通过挖掘黏性的影响因素来探讨移动应用用户体验模式，明确了构成促进黏性形成的用户体验模式的评价指标体系，为开发具有黏性特征的移动应用提供了理论基础与实践保证。应用开发者可以根据结论中的指标体系合理地分配相应的资源、制定不同的设计策略，以实现移动应用的盈利目标。

当然，由于本课题涉及的领域广泛，其中不少问题还处于讨论与研究之中，因此付久强老师仅仅从一个方面进行探索，其中肯定存在不足之处。例如课题对于移动应用黏性的研究只是从黏性的形成机制与促进黏性形成的手段角度进行分析与挖掘，对于黏性形成后所造成的社会伦理问题并没有给出相应的解决途径。因此，关于黏性还有很多影响因素与关系需要揭示。希望付久强老师以此作为起点，进行深入的研究，并祝愿付久强老师在其他研究领域取得进步，多出成果，出好成果。

刘振生
2018 年 6 月于清华大学美术学院

目录

- 1 第一章 绪 论
- 2 第一节 问题的提出
- 2 一、背景：移动互联
- 4 二、用户、企业与学术界面临的困境
- 5 第二节 黏性设计研究创新
- 5 一、研究目的
- 6 二、研究意义
- 7 第三节 相关概念的界定
- 7 一、移动应用
- 9 二、移动应用用户
- 9 三、黏性
- 10 四、用户体验模式
- 10 第四节 移动应用设计解决方案构想
- 10 一、研究思路
- 11 二、研究内容
- 13 三、研究方法

- 15 第二章 黏性理论与用户体验
- 16 第一节 用户黏性行为宏观理论
- 16 一、消费者行为理论
- 20 二、社会心理学相关理论
- 26 三、顾客价值理论
- 28 第二节 中国移动应用用户行为研究

- 33 第三节 用户体验模式研究
- 33 一、用户体验相关概念
- 35 二、可用性目标与用户体验目标
- 44 三、用户体验模式研究

- 53 第三章 用户黏性模型设计
- 54 第一节 理论基础
- 56 第二节 移动应用用户的黏性行为影响因素
- 56 一、基于计划行为理论
- 59 二、基于顾客价值理论
- 63 三、平台服务属性
- 64 第三节 模型构建及变量分析
- 64 一、变量设置
- 65 二、模型的构建
- 66 三、变量分析

- 71 第四章 理论模型的设计实证
- 72 第一节 测量工具开发
- 72 一、开发过程
- 74 二、研究变量问项设置
- 79 第二节 数据收集
- 80 第三节 数据分析
- 81 一、描述性统计分析
- 82 二、量表的信度效度分析
- 85 三、结构方程模型分析

1

87　第五章　基于黏性影响因素的用户体验设计模式

- 88　第一节　沉浸体验
  - 88　一、沉浸体验的动态理论模型
  - 90　二、沉浸体验的维度
  - 94　三、沉浸体验的影响因素
  - 101　四、基于沉浸体验结构化特征的移动应用用户体验设计模式总结
- 116　第二节　习惯
  - 116　一、习惯的形成
  - 118　二、习惯的特征对用户体验设计的要求
  - 135　三、基于习惯的用户体验设计模式总结
- 140　第三节　主观规范
  - 140　一、主观规范的内部影响
  - 140　二、主观规范的外部影响
  - 141　三、主观规范相关理论：面子协商理论
  - 143　四、基于主观规范的用户体验设计模式总结
- 146　第四节　感知应用质量
  - 146　一、软件质量模型介绍
  - 150　二、基于软件质量的用户体验设计模式总结
- 154　第五节　用户体验设计模式的维度与结构化特征
  - 154　一、核心维度
  - 157　二、基本维度

159　第六章　用户体验模式的分析与评估

- 160　第一节　评估准备
  - 160　一、评估技术与思路
  - 160　二、评估样本的选择
  - 162　三、评估问题设置
- 163　第二节　促进黏性形成的用户体验设计模式核心维度分析
  - 163　一、高黏性移动应用产品的用户体验模式分析
  - 183　二、低黏性移动应用产品的用户体验模式分析
- 188　第三节　评估总结

191　第七章　研究结论与讨论

- 192　一、研究结论
- 192　二、移动应用的设计与开发启示
- 195　三、研究局限与展望

198　后记

200　附录1

移动应用用户黏性行为意向调查表

204　附录2

用户访谈问卷

01

第一章
绪　论

移动应用黏性与用户体验设计模式研究
Mobile Applications Stickiness and
the Design of User Experience Patterns

第一节 问题的提出

一、背景:移动互联

移动通信、家庭宽带网络在我国的快速普及,智能手机用户的稳步增长,这些都为移动应用的广泛使用提供了基础。据统计,到 2014 年 6 月,我国使用手机上网的用户数约为 5.27 亿人,手机上网用户数量首次超越了个人计算机上网用户[1]。手机已经成为上网的主要工具,移动应用软件需求巨大。

我国民众已经习惯利用手机等智能终端连接互联网,通过使用移动应用完成生活中的各种任务,这种便捷舒适的生活习惯已经成为人们生活中的一部分。此前刘德寰等根据手机人群正在发生与未来的行为判断,总结了用户使用移动应用所要实现的互联网生活方式。手机所要实现的功能包括意见表达、移动互联网入口、个人移动金融终端、重塑收视形态、移动图书馆、创造新型购物体验、聚合娱乐时间、画出用户的同心圆、成就即时通信、随身百科全书[2](见图 1-1)。从以上的描述可以看出手机作为用户移动通信的传统中端媒介,其通信功能在总功能比重中已经降至较低的水平,而与生活息息相关的新型任务,如在线支付、移动上网等功能占的比例不断增加。手机的通信概念将会不断被淡化,同时与手机功能类似的各种移动终端被广泛使用,如 iPad 与 iWatch,它们虽然没有通信功能,但却同样可以运行移动应用。因此,本书研究的移动应用包含手机应用(移动应用的主体)与其他移动终端上运行的应用程序。

---

[1] 中国互联网信息中心. 2014年中国网民搜索行为报告[EB/OL].[2015-01-13].http://www.cnnic.cn/hlwfzyj/hlwxzbg/.

[2] 刘德寰,刘向清,崔凯,等.正在发生的未来:手机人的族群与趋势[M].北京:机械工业出版社,2012.

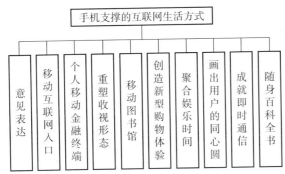

图 1-1
刘德寰等分析手机支撑的互联网生活方式

在移动应用没有普及之前，人们更多地使用个人计算机端软件。当时用户想要获得一款软件是很困难的，将要支付高昂的成本。在这种情况下，软件企业并不需要将重心放在用户使用感受以及与之相关的软件黏性方面，因为用户既然购买了软件，支付了高额的费用，就不会轻易转换产品，他们往往会持续地使用某个软件产品。由于当时产品使用的场景固定、使用的人群多为办公用户与专业用户，因此对软件的要求多局限于功能强大、安全、稳定，而软件企业往往把关注点放在增加软件功能与营销方面。现今，在移动互联网快速普及的时代背景下，传统的软件厂商纷纷推出了移动应用，同时，更多的个人开发者针对移动应用开始创业。移动应用与传统的桌面软件在用户的使用习惯、产品的使用场景、软件的架构思路、软件的销售方式以及盈利模式上有着本质的区别[3]。

随着移动互联网与电子商务的不断发展，对网站黏性的研究也不断地涌现出来。关于网站产品的黏性，设计学领域以及企业管理、营销学、心理学与电子商务等不同领域的学者都对其存有浓厚的兴趣。对在线消费者的黏性研究中，我国学者王海萍认为网站黏性分为短期黏性与长期黏性。短期黏性指在线消费者表现出的能够延长在网站停留的时间、能够再次访问网站的性质。长期黏性指在维持与网站关系的前提下，能够持续购物的特征。短

[3]Steven Heim. The resonant interface HCI foundation for interaction design[M]. Beijing: Publishing House of Electronics Industry,2008：13-16.

[4] 王海萍.在线消费者黏性研究[D].济南:山东大学,2009:103-121.

[5] 喻国明.淘宝:增强用户黏性的五大关键词——来自《淘宝网品牌传播的战略与策略》[J].新闻与写作,2011(1):60-62.

期黏性与长期黏性的形成主要是针对电子商务领域,从消费者行为的角度去定义的,其研究的目标是促进消费者的保留与持续购买[4]。喻国明通过对淘宝网品牌传播的战略与策略研究,总结了淘宝网增进用户黏性的五个要素[5]。他认为淘宝在中国具有高度的用户黏性可以总结为以下五个要素:建立良好的沟通机制、构建信任的第三方支付体系、卖家商盟制度、消费者保障服务与信用评价体系(见图1-2)。喻国明对网站黏性的研究不是从网站自身的角度,也不是从用户使用的角度,而是把网站作为商业平台的一部分,从整个企业经营与管理模式角度分析如何让一个电子商务企业拥有最大的用户黏性。

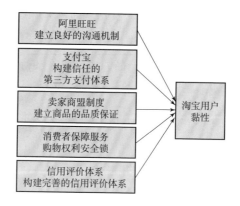

图1-2
淘宝在中国产生高度用户黏性的要素分析

二、用户、企业与学术界面临的困境

在我国,移动互联网被用户广泛接受的模式是免费,因此移动应用的盈利模式多数是免费提供软件,开发者通过在软件内部植入广告或对产品内部物品(如网游、电子书等)收费,获得利润。在用户实际的使用过程中,由于移动应用可以免费得到,因此用户经常会下载软件后尝试一次就放弃,或者仅短时间使用就转换为不同的产品。在这种境况下,软件企业很难拥有广告赞助,无法售卖内部的物品,这对软件企业的经营状况提出了严峻的考验。

因此，持续增加用户对移动应用的使用时间、增加其自身的黏性是移动应用企业与开发者迫切要解决的问题。

学术界对类似课题的研究现状如下：首先，学者们对黏性的研究多是从在线消费者的角度切入的，围绕在线消费购买过程进行剖析，而从用户体验模式的角度研究移动应用用户使用产品的整个过程相对较少。近几年，对在线消费者黏性行为的研究不断增加，这些研究是把在线消费者作为一个特殊的消费者群体，把传统营销学意义上的消费者概念与互联网相结合，研究的角度往往是面向消费者的网络购物习惯以及在线购买过程中的心理与行为相关因素。其次，对黏附作用的研究多以传统网站为研究对象（网站黏性），对移动应用进行黏性研究的文献相对较少。最后，基于黏性的用户体验研究不能完全提供信度支持。国内外有一些网站黏度测量方面的文献，其研究的思路是针对不同类别的网站进行区分，然后根据类别对网站本身进行内容或功能改进。如购物网站强调消费者登录网站时的停留时间、对网站的导航层次、网站内容分类等。这些研究无法解释下列问题：对网站产品进行改良是否可以促进用户黏性？改进哪些内容可以促进黏性？黏性是由什么原因产生的？因此，学者们对黏性的研究多数是关注于网站的用户体验改进、网络社区或电子商务对顾客的吸引，而对移动应用的黏性从用户体验模式角度进行研究的内容还不充分。

第二节 黏性设计研究创新

一、研究目的

本书在前人研究的基础上，面向移动应用，从用户心理与行为角度研究用户黏性的形成机制，为未来相关研究建立一个基本的分析框架，为产品的创新实践提供理论支持。本书具体的研究目的如下：

（1）从用户角度揭示促成移动应用黏性的构成因素。

（2）建立理论模型，用以解释黏性因素之间的构成关系。

（3）从移动应用产品特征角度揭示黏性影响因素的形成机制。

（4）从用户体验角度总结促进黏性形成的移动应用用户体验模式。

二、研究意义

1. 理论意义

将根据本书的研究结果构建面向移动用户的移动应用黏性模型。在相关文献的基础上，本书借鉴了消费者行为学、社会心理学、认知心理学等学科的相关理论，从移动应用用户角度比较细致地分析了影响用户黏性行为的因素——感知转换成本、习惯、沉浸体验等变量，探究这些变量之间的影响关系，并在这个过程中揭示移动应用黏性的形成机理。在构建理论模型时，本书将以消费者行为学研究中的主流理论——计划行为理论为基础，从用户心理与行为角度建立宏观的移动应用用户黏性行为模型。通过定量研究，证明核心变量之间的影响关系。

2. 实践意义

针对定量研究所发现的用户黏性影响变量，本书将对其所涉及的产品用户体验要素进行有针对性的定性研究。前一部分建构的理论框架是对用户黏性宏观的解释，也可以定义为软件用户心理与行为方面的驱动因素。从设计艺术学的角度来看待这一结论，就会发现此结论对软件企业的设计与开发具有现实指导作用，还需根据不同的软件类型针对影响要素进行用户体验比较分析,进而总结出促进应用黏性形成的用户体验模式。这些研究将对企业和个人开发者了解移动应用的黏性提供理论支撑,同时为企业的设计部门提供完整的移动应用黏性的用户体验设计模式,这将有利于企业开发出具有高价值的移动应用产品。

第三节　相关概念的界定

一、移动应用

维基百科对移动应用的定义是:移动应用是移动应用程序(Mobile Application,App)的简称,有别于传统的PC端应用,移动应用特指运行在移动终端上的应用程序[6]。硅谷科技创业者兼投资人Chris Dixon按照用户使用移动应用的方式提出了"黄金四分类",认为移动应用可以分为:消磨时光应用、核心应用、边缘应用和消息提醒类应用。其中,消磨时光应用主要是指游戏、视频等娱乐类应用。用户利用碎片、移动的时间使用这种应用,很容易对其失去新鲜感,从而产生产品转换心理。核心应用指移动终端内置的应用,如相机、照片、通信录等,开发者说服用户放弃内置核心应用而使用自己的产品是很困难的。边缘应用指通过分解生活细节,提供现存新需求的应用。这种应用的特点是涉足于生活中的某一个领域,解决其中的一个小问题,例如近期被广泛使用的打车软件。消息提醒类应用是指为生活中用户需要关注的信息与消息及时进行提醒的应用。

为了更好地研究移动应用的黏性特征,本书从移动应用的平

[6]"Mobile Application"[EB/OL].[2013-01-11]. http://zh.wikipedia.org/wiki/.

台体系特征角度将其分为平台型应用与工具型应用。平台型应用特指应用产品并不是一个独立存在的孤立个体，而是隶属于一个大型企业或商业平台的一部分。例如淘宝网的移动客户端就属于这种类型的产品，用户使用淘宝软件并不是单纯地享受软件带来的乐趣与便利，而是要获得购物、交流与售后等为软件提供支撑的各种服务。该类型移动应用黏性的研究不能局限于产品本身，产品外部平台的延伸研究同样十分重要。工具型应用指软件自身就是帮助用户实现功能的工具，它不具备平台的外延作用，如计算器工具应用。

值得注意的是，本书需要明确"网站"与"移动应用"的关系。因为现阶段对黏性的研究多集中在网站上，所以要将网站黏性的研究成果用于移动应用，就要分析网站与应用程序、移动应用程序之间的关系。从广义的网站产品与应用程序的关系来看，网站本身也属于应用程序，是一种在浏览器上运行的应用程序[7]，所以本书研究的移动应用也包括安装在移动端的网站产品与运行于浏览器的应用，而且范围要更大，不仅包含安装在移动终端上的所有CS（普通客户端软件）产品而且包含BS（基于网络的客户端软件）产品（见图1-3）。

[7] 白丽君.ERP的C/S与B/S架构对比分析[J].甘肃科技, 2006,22(6): 107-108.

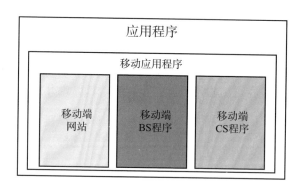

图1-3
移动应用程序概念关系图

二、移动应用用户

理解移动应用用户的含义就要区分移动应用用户、移动互联网用户和手机网民。从范围上看,这三个概念是由大到小包含的关系(见图1-4)。移动互联网用户属于移动应用用户的一部分,因为用户要想移动上网必须使用移动应用,而使用移动应用的用户却未必都要上网,所以二者是包含关系。手机网民是移动互联网用户的一部分,这是因为移动互联网用户未必都是用手机来上网的,其他的设备也可以作为移动终端。所以本书对移动应用用户的定义是使用移动终端(既可以是手机也可以是平板电脑),并使用终端内的应用程序进行工作或娱乐活动的网络与非网络用户。

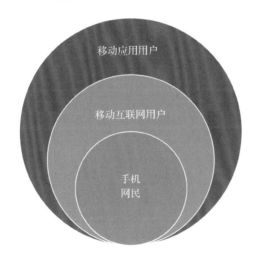

图1-4
移动应用用户概念的包含关系

三、黏性

黏性是近些年随着互联网的发展,针对用户网络停留时间、点击次数等指标的总称。对它的定义学术界并没有形成统一的标准,Paul将黏性定义为商家可以保留消费者,并使消费者重复购买的能力[8]。Zott等定义网站黏性为网站应该具有吸引用户的能

[8] Paul B. Yahoo: getting sticky with it [N]. Wired News, 1999-03-22.

力[9]。本书从两个角度定义：用户角度，特指用户会持续地使用某一款应用产品，面对同类产品的诱惑，用户不会采取产品转换，本书称其为用户黏性；产品角度，移动应用具有吸引与保留用户的能力，本书称其为应用黏性。

四、用户体验模式

用户体验（User Experience，UE）指用户由于使用了硬件产品、软件产品或消费服务后而产生的心理主观感受，这些感受包含用户的身体与心理层面[10]。模式泛指某种事物的标准形式或使人可以模仿的标准样式。用户体验模式是微软公司在 MSDN 上提出的概念，是指导开发人员如何设计出具有高质量用户体验软件产品而提供的一系列模式样本。具体的模式包括设计原则、导航模式、命令模式、触控互动模式、广告模式、品牌模式和用户体验指南。设计原则主要涉及软件构建设计的元素与设计的规划；导航模式主要表明应用产品的分类与页面的关系等；命令模式主要表明设计最常用功能的位置与超级按钮的位置；触控互动模式主要表明触摸手势的选择与触摸的优化；广告模式主要涉及增加广告的用户体验、广告的要求与广告提供商的选择；品牌模式主要涉及将品牌合并到应用中的方法，以及品牌的重要性体现；用户体验指南是指提高用户体验的具体操作方法与控件设计的指南。

第四节　移动应用设计解决方案构想

一、研究思路

对黏性的研究，学术界从产品视角与用户视角两个角度着手。

---

[9] Zott C, Amit R, Donlevy J. Strategies for value creation in ecommerce beat practice in Europe [J]. European Management Journal, 2000, 18(5):463−475.

[10] ISO, ISO 9241−210:2010: Ergonomics of human−system interaction. [EB/OL].[2015−3−20].

产品视角指从移动应用产品自身的质量属性研究黏性，这些属性包括功能的完备程度、可用性与易用性以及平台类别等；用户视角指通过考察用户购买、使用、评价、推荐的整个过程来研究用户使用移动应用的心理与行为，是从用户自身的角度解释黏性。本书对黏性的研究，前半部分属于用户视角，通过定量研究，构建用户黏性理论模型来揭示用户黏性形成的宏观机制。本书后半部分属于产品视角，通过对移动应用的可用性、易用性等用户体验评价指标的分析，总结具有黏性特征的移动应用所需要的用户体验模式与相关设计原则。

本书主要围绕移动应用对用户的吸引与保留机制即黏性的形成机理展开，分为以下几个步骤：

第一步，在文献的基础上构建移动应用用户黏性模型，该模型包含了影响黏性形成的主要因素。

第二步，针对模型进行实证研究，并得出宏观结论。

第三步，从用户体验模式的角度对模型中的黏性要素进行分析与探讨。

第四步，通过对移动应用进行用户体验度量，总结促进黏性形成的移动应用用户体验模式。

二、研究内容

研究内容分为七个部分（见图1-5）：

第一章，绪论。首先从我国的实际国情出发，介绍移动应用的存在状态，并指出黏性研究现状以及面临的问题，明确研究的目标与意义。其次对移动应用、移动应用用户、黏性、用户体验模式等几个关键词进行界定，并对研究的主要创新点进行阐述。

第二章，黏性理论与用户体验。首先对形成移动应用黏性的相关文献从宏观角度进行回顾，包括用户接受行为理论、感知价

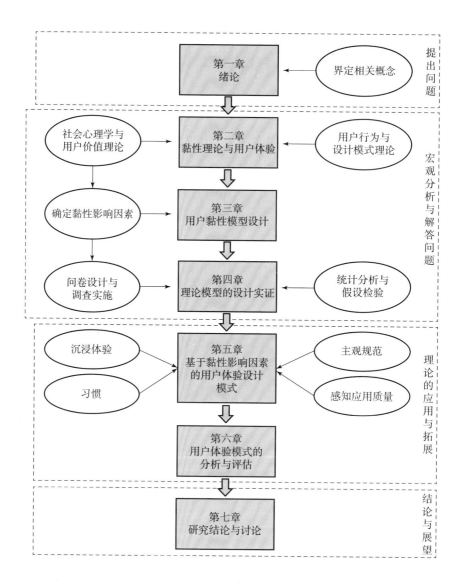

图 1-5
研究框架

值理论、消费者行为理论等。其次对中国移动应用用户行为的一般模式进行总结与分析,通过这部分工作可以发现黏性形成的社会环境与个性需求。最后对促进移动应用黏性的设计模式进行比较详细的综述,这部分内容为后文的移动应用设计评估与理论应用研究提供支持。

第三章，用户黏性模型设计。阐述模型的理论基础，通过对理论基础的分析，建立研究的基本框架。

第四章，理论模型的设计实证。首先进行问卷设计与数据质量分析。由于本书对心理学方面的研究是建立在前人研究的基础上的，因此文中相关变量的测量多数采用成熟的量表，通过方差分析和验证性因素分析对调查数据进行质量检验。其次构建影响用户黏性形成的理论模型和检验假设，这部分主要揭示黏性因素之间是否具有影响关系，并求证解释程度。最后完整地分析移动应用用户黏性的形成机制。

第五章，基于黏性影响因素的用户体验设计模式。对前文构建的理论从软件设计模式的角度进行应用拓展研究。通过对用户黏性影响因素的维度与结构进行梳理，借鉴产品用户体验度量的方法，对影响因素的不同维度进行解释，并总结具有高黏性的移动应用产品的用户体验特征。

第六章，用户体验模式的分析与评估。选择具有高低不同黏性特点的移动应用产品作为评估对象，通过焦点小组访谈法验证前文总结的高黏性的移动应用产品的用户体验特征，并对其设计模式进行分析与总结。

第七章，研究结论与讨论。归纳结论，说明研究的理论与实践贡献，并进一步阐述研究的局限和对未来的展望。

三、研究方法

本书从设计学、心理学、社会学、管理学、消费者行为学等多个领域对移动应用黏性进行研究，研究方法主要采用文献研究、规范研究、实证研究与评估研究。文献研究是对主要文献进行梳理，从而提出研究的问题；规范研究主要是分析移动应用黏性影响因素以构建模型框架；实证研究是采用实证的方法验证模型；

评估研究是评估理论模型中因素的实践应用价值。

1. 文献研究

研究通过查阅大量的国内外文献，对移动应用黏性的含义、影响因素以及国内外最新的研究成果进行回顾，从而发现理论与解决方式的漏洞，为后文的研究过程提供依据。在本书的第五章，文献分析内容主要集中在黏性要素的用户体验分析上。研究一方面要查阅文献，对黏性要素进行概念分解；另一方面要结合用户体验的实践特征，寻找关于理论的用户体验最佳模式。

2. 规范研究

规范研究的目的在于寻找实证研究中的模型变量，为模型的建立与验证打下基础。为把握研究方向的总体理论进展情况，文章对国内外的相关研究成果进行了系统的总结，重点研究的理论有计划行为理论、技术接受模型与感知价值理论。

3. 实证研究

采用的实证研究方法属于数理实证，可划分为数据搜集与模型验证两个阶段，其中数据搜集采用问卷调查法，研究使用 SPSS 17.0 和 AMOS 17.0 等统计软件，采用的方法包括因素分析法、可靠性分析法、方差分析法、结构方程模型检验等。

4. 评估研究

本书主要评估促进移动应用黏性的用户体验设计方法，通过测量用户使用被测软件，验证前文总结的用户体验模式。

02

第二章
黏性理论与用户体验

移动应用黏性与用户体验设计模式研究
Mobile Applications Stickiness and
the Design of User Experience Patterns

第一节 用户黏性行为宏观理论

一、消费者行为理论

1. 消费者行为的定义

国内外不同的学者对消费者行为的定义表述各异，如迈克尔·R·所罗门将消费者行为定义为：消费者为满足需要与欲望而挑选、购买、使用或处置产品、服务、观念或经验所涉及的过程[11]。布莱克韦尔（Blackwell）于1999年定义其为：关系到如何获取、消费和处理商品与服务的一系列活动，包括在这些活动中的决策过程。总结起来，定义的内涵大致是一致的。狭义上讲：消费者在购买过程中所触发的行为和购买后对消费品的实际处置过程。广义上讲：消费者为得到商品的价值所采用的前期决策过程、购买与使用过程，还包括对商品的用后处置过程，在这些过程中，用户心理活动也被包括其中。本书的研究对象——移动应用用户属于广义上的消费者范畴，本书将研究移动应用消费者（移动应用用户）调研、决策、购买、使用与处置软件产品整个消费过程中的一切行为。

司金銮认为消费者行为的本质特征可以归纳为五点：一是消费者行为是消费者在寻找、获取、评定和处理希望满足其需求的产品和服务的一种经济活动。西方经济学家把利己心作为经济活动的出发点。二是消费者行为必然反映一定的心理现象，心理现象制约着消费者的经济行为，因此探索消费者行为必须把经济活动同个人的心理过程和个人的心理特征结合起来。三是个体消费

[11] Michael R S. Consumer behavior [M]. 8th ed. 卢泰宏，等，译. 北京：中国人民大学出版社，2012.

者是社会群体的一员。消费者作为某社会群体中的成员,必然会受到社会文化环境的制约与影响,因此,我们还要运用社会学和文化学知识与理论去探索消费者在群体消费中的行为。四是消费者可以细分为不同的角色,担负不同的任务,这些角色包括发起者、影响者、决策者、购买者和使用者。一个消费者可能是其中的一个或一个以上的角色。例如使用者可能直接包含在消费者或使用消费品和服务的人中。五是消费者行为始终处于一定的生态环境之中,并受到生态环境的制约。

2. 消费者行为模式

(1) 决策过程模式。这种模式是把消费者行为理解成消费者从产生消费动机直到消费结束的一系列过程。在这个过程中消费者要受到内部与外部因素的影响。外部因素包括文化、人口特征、社会地位、参照群体、家庭和营销策略。内部因素涵盖个人观念、学习、记忆、动机、个性、情感与态度。内部因素与外部因素是通过自我观念与生活方式所产生的对商品的需求与欲望来间接影响消费者的决定过程。同时,内部因素与外部因素在此过程中也会相互影响。Blackwell建立的消费者决策过程模型则更加细化。决策从消费者的需求认知开始,经过信息搜寻、购买前评估、购买、消费、消费后评估、处置几个阶段完成[12](见图2-1)。此过程要受到环境、个体差异的直接影响与作用,同时商家与非商家主导的对消费者的刺激也通过消费者的记忆系统间接影响决策过程。此模型的一大亮点是连接了消费者的决策过程与所受到的刺激的反应关系,揭示了消费者决策—记忆—刺激的过程。此过程从消费者受到刺激开始产生购物的欲望,再通过一系列的过程与记忆进行交流,从而进入决策过程,消费后评价至不满意再到外部搜寻,后又重新回到刺激,这是一个不断循环的过程。消费者决策过程相关理论既是传统的消费者行为理论,也是核心理论。

(2) 体验模式。体验模式与决策过程模式的不同之处在于对

[12] Blackwell. Consumer behavior [M]. 10th ed. 吴振阳,等,译. 北京: 机械工业出版社, 2009.

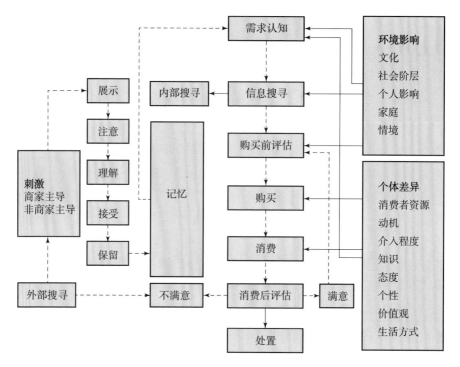

图 2-1
Blackwell 建立的消费者决策过程模型

消费者的思维控制认知。决策过程模式认为消费者在消费过程中的行为与决策是理性的，消费者只有经过严格的判断与思考才能进行接下来的活动，在消费中要时刻判断商品的价值与所要付出的成本。而体验模式强调的是消费者在消费的过程中感性因素起到关键的作用，消费者在购物过程中并不是完全针对商品，而是进行一种体验活动。消费者所付出的一切成本正是要满足这种体验，这从另一方面说明了商家要从满足消费者的真正需求方面分析消费者的行为。Schiffman 和 Kanuk 认为，消费者的行为总体分为三个阶段：输入阶段、处理阶段与输出阶段[13]（见图 2-2）。输入阶段主要指企业营销与社会文化环境对消费者行为的影响，这可以统称为外部环境的影响。处理阶段主要指用户对商品需求的识别、搜寻与评估，进而产生对体验的预判，然后通过用户的

[13] Schiffman L G, Kanuk L L. Consumer behavior [M]. 8th ed. 林江, 译. 北京：中国人民大学出版社, 2007.

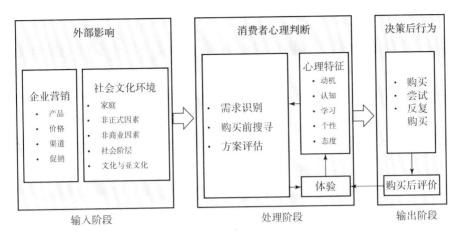

图 2-2
Schiffman 和 Kanuk 建立的消费者行为模型

个人心理特征进行过滤,这一过程称为消费者心理判断。输出阶段主要指决策后的行为,包括购买、尝试、反复购买和购买后的评价。在此模型中,体验要素连接消费者行为的处理阶段与输出阶段,商品需求提出对体验的要求,而购后的评价产生切实的体验并延续体验,同时体验可以改变用户针对商品的心理特征。

(3)刺激—反应模式。前两种模式都是从消费者自身的角度来论述消费者行为的,而刺激—反应模式是从消费者与刺激物的关系来阐述消费者的行为特征的。这种模式认为消费者的消费行为产生是受到外界因素刺激的结果,了解消费者在消费过程中的情感、认知与行为的关键是找出刺激消费者的刺激因素与形成机理。Armstrong 和 Kotler 在他们的理论模型中描述消费者行为的产生是受到商家营销与其他刺激共同作用的结果[14](见图 2-3)。商家营销的手段有产品、价格、渠道与促销,这些手段可以理解成对消费微观层面的刺激。在这两种刺激的作用下,消费者要对是否购买商品进行决断,这个过程就被称作消费者暗箱。暗箱包含两项内容:消费者的购买消费过程和消费者特征,二者是相互紧密联系的,但模型中没有指出二者联系的原因与条件,因此这

[14] Armstrong G, Kotler P. Marketing: an introduction [M]. 7th ed. New Jersey: Prentice Hall, 2004.

个过程就被称为消费者暗箱。暗箱过程之后就是消费者的反映，这个过程是可以被明确观察到的，此过程分为产品选择、品牌选择、供应商选择、采购时机与采购数量。

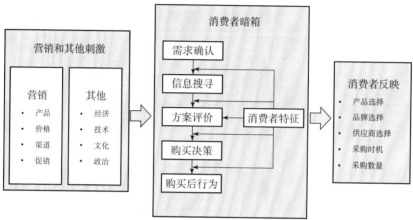

图 2-3
Armstrong 和 Kotler
建立的消费者行为模型

（4）平衡协调模式。这种模式认为消费者的行为是消费者与营销者（商家）互动的结果。即消费者与商家在商品价值实现的过程中都要受到外部环境的影响，这些影响因素包括形势、群体、家庭、文化、亚文化、国际事件和法规。消费者在消费过程中会自动地过滤这些因素，而商家则会利用这些因素，并做充分的市场研究。

二、社会心理学相关理论

1. 态度的定义与态度预测行为的影响因素

迈克尔·R·所罗门认为态度是对人（包括我们自己）与客体的一种持久概括性的评价。他的定义比较宏观，强调态度具有持久性与一般性。态度的特征包括对象性、评价性、稳定性和内在性。对象性是指人们形成的态度倾向于指向某个事物即对象，人们分析态度很大一部分原因是要了解态度的指向对象。态度的指向对象范围很广泛，从非常具体的产品使用行为到更为广泛的产品相关行为都可以作为态度的对象。评价性是指态度可以用来评价一个事物的优劣，因此态度可以作为用户是否选择产品的评价标准之一。稳定性是指态度是持久的，它趋向于持续一段时间，同时态度不仅可以对一个事物进行正负评价，而且会对与事物相关的事件在很长的时间内产生影响。内在性是指态度是一种隐藏在个人内心深处的心理状态，它不会被直接地观察到，而会通过人们的实际行为间接地被观察出来。

侯玉波认为态度预测行为的影响因素分为八个方面，它们包括：态度的特殊性水平、时间因素、自我意识、态度的强度、态度的可接近性、行为的主动性水平、心境影响与情境的作用[15]。态度的特殊性水平是指通过态度预测行为之前要分析态度的对象是群体还是个体，人们对群体与个体的态度有着明显的分别，往往预测的对象越具体，预测的数据就越准确。时间因素指态度的预测要考虑时间因素，态度与行为的间隔时间越长，就越有可能出现偶然事件，改变由于原有态度影响的行为。自我意识指因为每个人的自我意识取向不同，所以当对内在自我意识高的人群进行态度预测时，由于他们关心自身的行为标准，因此预测效率较高；但面对公众意识高的人群，由于他们更关心公众与社会的标准，因此预测效率相对较低。态度的强度指强态度比弱态度更容易引发行为，增强态度的最简单办法是增加对态度对象的了解。态度的可接近性指态度被意识到的程度，越容易被意识到的态度，就越具有可接近性。一般来说，直接经验的态度要高于间接经验的态度，而不容易被意识到的态度非常容易受到环境的影响。行为的主动性水平指态度的对象——行为被分为主动性行为与被动性行为。主动性行为指那些人们愿意付出努力才能实现的行为；被动性行为指人们不需花费太大精力就能实现的行为。当态度所指向的行为与被测量的行为匹配时，态度对行为的预测会更加准

[15] 侯玉波. 社会心理学[M]. 北京：北京大学出版社，2013.

确。心境影响指心境对态度预测的调节作用，研究表明：当人们拥有悲伤心境时，更容易对行为信息进行精细的加工，从而促成态度对行为的影响变小。而在高兴的状态下，态度更容易预测行为。情境的作用指当态度预测的行为受到自然环境与社会环境影响时，其预测的效度将发生变化。当一个人感受到社会与其他人的压力时，他往往会更倾向于屈从，从而改变自己的行为模式。

2. 多属性态度模型

多属性态度模型（Multiattribute Attitude Models）最早是由费舍宾（Fishbein）提出的，现被市场研究人员广泛应用。他认为消费者的态度包括两部分：一是消费者在购买与使用商品时对商品的态度，即消费者态度的个人因素；二是消费者由于受到外在环境的影响，其对事物的接受行为还要受到周围人的干扰与制约，这就体现出消费者态度的从众因素。多属性态度模型的运用意味着消费者对产品的态度可以进行分解，通过测量得到特定信念的过程，我们可以总结出消费者对产品的总体态度[16]。属性是态度对象的特征，例如方便移动是移动智能终端的基本属性之一。信念指对态度对象的认知，例如人们会认为苹果电脑具有品牌价值，而且质量好。重要性权重指态度对象的哪一个属性对人们最为重要，一般一个事物对象具有很多属性，但人们对其关注程度不同。例如，我们可能更注重于产品的价格而轻视其材料工艺。综合这三个要素，我们就可以计算出人们对事物与行为的态度。其基本的公式如下：

$$A_O = \sum_{i=1}^{n} B_i E_i$$

式中，A_O 表示人们对客体的整个态度，这里的客体不仅指产品本身，还指使用产品的行为与品牌等；B_i 表示客体属性信念的强度，其含义是在用户的认知中，产品的第 i 个属性存在的可能性；E_i 表示消费者对属性 i 的偏好程度，具体来说就是消费者认为在产

[16] Fishbein M. Understanding attitudes and predicting social behavior [M]. Englewood Cliffs : Prentice Hall, 1980.

品中，第 i 个属性对自己是否有利；n 表示品牌具有属性的数量；i 表示产品或服务具有哪些重要的物理属性或特点。

从多属性态度模型我们可以得到如下启示：要想促成人们对产品的正向态度，可以提高产品的某一个属性的质量，增加产品的相对优势，同时可以增加新的属性以区分于产品的竞争对手。对产品的正向态度会影响人们针对产品所实施的购买与使用行为。

3. 理性行为理论

理性行为理论（Theory of Reasoned Action，TRA）认为人类实际的行为产生于对行为的意向（Behavior Intention），个人对某项行为的意向越强烈，就越有可能实现行为。而对行为的态度（Attitude）与主观规范（Subjective Norm）又是影响行为意向的主要因素。行为意向是指个人实施或开始行动之前在内心中对所要采取行动的可能性预判，反映了个人所要实施行为的意愿程度。对行为的态度是指个人对行为所拥有或产生的正面或负面的心理感受，态度也可以被理解成个人对此行为结果的信念与评价。主观规范是指个人受社会的影响程度，影响是由于个人对他人的信任与个人要与他人保持一致的动机所决定的。主观规范的价值取决于两个要素，一个是标准信念（Normative Belief），即别人认为该行为是否应该发生的程度；另一个是对信念的遵从动机（Motivation to Comply），即产品的使用者在多大程度上会采纳别人对自身的期望[17]（见图2-4）。但此理论也有其局限性，理性行为理论研究了人在自利的情形下发生的行为，由于人的行为有时并不是趋于自利动机的，因此还会受到社会与道德的约束。

[17] Fishbein M, Ajzen I. Belief, attitude, intention, and behavior: an introduction to theory and research [M]. Mass: Addison-Wesley Publishing Company, 1975.

图2-4
理性行为理论模型

4. 计划行为理论

计划行为理论（Theory of Planned Behavior，TPB）由 Ajzen 在理性行为理论的基础上提出[18]。此理论指出个人行为不仅受到态度与主观规范影响，而且受到感知行为控制。感知行为控制具体指个人是否拥有必要的资源与机会执行特定行为的控制程度，即完成任务的难易程度，其中内在控制因素包括个人的缺点、技术、能力、情绪等，外在控制因素包括信息、机会、对他人的依赖程度等（见图 2-5）。Ajzen 进行的实证研究证明：当把感知行为控制因素加到传统的态度行为模型中后，其理论的解释能力大大提高了，同时此理论也进一步强调了用户行为意向判断对研究用户行为有直接的作用。

[18] Ajzen I. The theory of planned behavior, organizational behavior and human decision processes [J]. Journal of Leisure Research, 1991, 50(2):179-211.

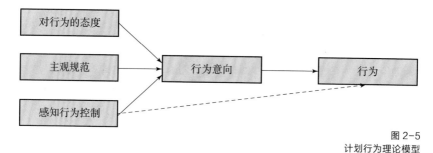

图 2-5
计划行为理论模型

根据实证研究，Ajzen 发现主观规范与感知行为控制要通过态度这一变量间接地对行为意向产生影响，过去行为这一预测变量也应该加入对行为的预测中，因此，对计划行为理论的模型修改后的结果如下[19]（见图 2-6）。

[19] Ajzen I. Prediction of goal-directed behavior: attitude, intention, perceived behavioral control [J]. Journal of Experimental Social Psychology, 1989, 5(22):453-471.

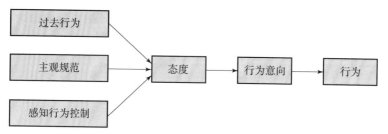

图 2-6
修改后的计划行为理论模型

5. 技术接受模型

技术接受模型（Technology Acceptance Model，TAM）是Fred提出的，他提出此模型的主要目的是运用理性行为理论对用户接受信息系统时所需要的各种因素进行探索[20]。他认为，感知有用和感知易用是用户决定是否考虑使用新技术时首要考虑的因素。感知有用指用户使用一个新技术后认为对自己的工作是有帮助的；感知易用具体指用户认为一个系统容易使用的程度。TAM一经提出就引起学术界的极大关注，很多文章与著作都纷纷引用此理论为不同的技术接受行为进行解释，此理论已经成为信息技术用户接受行为的经典模型（见图2-7）。另外，根据此理论很多学者还提出了改进模型，如Taylor和Todd提出了DTPB模型，并证明了其具有更强的解释能力[21]（见图2-8）。该模型的优点是结合了TAM与TPB的主要变量，认为个人行为的产生不仅由行为意向所决定，还受到感知行为控制的直接影响。

[20] Fred D D. User acceptance of information technology: system characteristics, user perceptions, and behavioral impacts [J]. International Journal of Man-Machine Studies, 1993, 38 (3): 475-487.

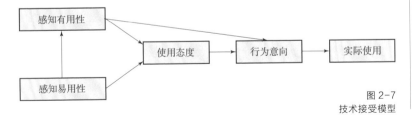

图2-7 技术接受模型

[21] Taylor S, Todd P A. Understanding information technology usage: A Test of Competing Models [J]. Information Systems Research, 1995, 6(2): 114-176.

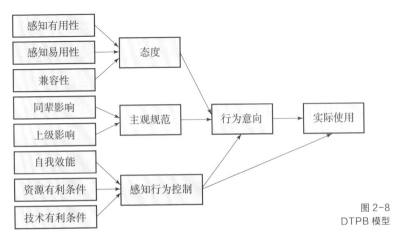

图2-8 DTPB模型

[22] Zeithaml V A. Consumer perception of price quality, and value [J]. Journal of Marketing, 1988, 52(3): 2-22.

[23] 查金祥. B2C 电子商务顾客价值与顾客忠诚度的关系研究 [D]. 杭州: 浙江大学, 2006:26-30.

[24] Park C W, Jaworski B J. Strategic and concept-image management [J]. Journal of Marketing, 1986, 50(10):135-145.

[25] Sheth J N, Newman B I, Gross B L. Why we buy: a theory of consumption value [J].Journal of Business Research, 1991, 22(2):159-170.

[26] Court D, Thomas D, French T. M，et al. Marketing in 3-D[J].The Mckinsey Quarterly, 1999(4):6-17.

[27] Holbrook M B.Consumer value: a framework for analysis and research [M]. London; New York: Routledge, 1999.

[28] Sweeney J C,Soutar G N. Consumer perceived value: the development of a multiple item scale[J].Journal of Retailing, 2001,77(2): 203-220.

[29] Luis F L, Joana C F. The serpval scale: a multi-item instrument for measuring service personal values [J].Journal of Business Research, 2005(58):1562-1572.

[30] 萧文杰. 顾客价值与顾客忠诚度关系之研究——以 T 连锁餐厅为例 [D]. 高雄: 高雄第一科技大学, 2003.

[31] Philip K. Gray armstrong, principles of marketing [M]. Englewood Cliffs: Prentice Hall, 1999.

三、顾客价值理论

1. 顾客价值的定义

价值可以被定义为当顾客付出金钱后所得到的所有利益总和[22]。对于顾客价值，尽管学者们都使用了顾客价值这一概念，但对这个概念仍有不同的意见。学者查金祥认为可以使用三分法对顾客机制进行定义[23]。表 2-1 列出了关于顾客价值具有代表性的定义。

表 2-1 关于顾客价值具有代表性的定义

学者	功能性价值	程序性价值	社会性价值
Park 等（1986）[24]	功能性需求	体验性需求	象征性需求
Sheth 等（1991）[25]	功能性价值	情绪性价值	社会性价值、知识性价值和条件性价值
Court 等（1999）[26]	功能性利益	程序性利益	关系性利益
Holbrook（1999）[27]	效率、卓越	娱乐	地位、尊敬、美感、道德、心灵
Sweeney 和 Soutar（2001）[28]	价格、质量	情绪价值	社会价值
Luis 和 Joana（2001）[29]	舒适生活价值	—	社会识别价值、社会结合价值
萧文杰[30]	实用性价值	享乐性价值	象征性价值

2. 顾客价值理论模型

（1）科特勒（Kotler）的顾客让渡价值理论。

顾客让渡价值是指顾客得到的总体价值与顾客付出的总体成本之差[31]。此理论的特点是从顾客的付出与获得角度来评价产品的价值，认为顾客对待商品的取向是最大限度地提高总顾客价值，而希望把总顾客成本降至最低。因此，企业要想留住顾客就必须提升产品的顾客让渡价值。

（2）拉瓦尔德（Ravald）与格罗伦斯（Gronroos）的顾客价值过程理论。

拉瓦尔德与格罗伦斯（1996）从关系的角度出发对顾客价值进行阐述，他们认为在关系范畴中，企业为顾客提供的产品包括核心解决方案与附加服务，而顾客需要支付的除了商品的价格外还包括与企业维持的关系成本[32]。因此顾客的价值可以被定义为：

顾客价值 =（核心解决方案 + 附加服务）/（价格 + 关系成本）

（3）泽瑟摩尔（Zeithamal）的顾客感知价值理论。

泽瑟摩尔于1988年提出了著名的顾客感知价值理论模型[33]（见图2-9）。她认为消费者是通过产品的属性来评价产品质量的，而对产品质量的感知会有助于消费者形成对产品价值综合的判断。影响顾客感知价值的因素还包括外部特性、内部特性与高层次抽象。而感知货币价格与感知非货币价格形成的感知付出也对顾客感知价值产生影响。顾客对产品的感知价值是促成购买行为发生的决定因素。

[32] Ravald A, Gronroos C. The value concept and relationship marketing [J]. European Journal of Marketing, 1996, 30 (3):19-30.

[33] Zeithamal V A. Consumer perception of price, quality, and value: a means-end model and synthesis of evidence [J]. Journal of Marketing, 1988, 52 (3): 2-21.

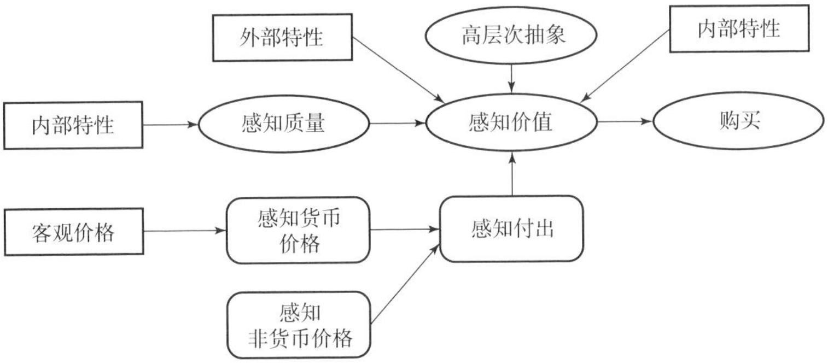

图2-9
顾客感知价值理论模型

第二节 中国移动应用用户行为研究

关于对中国移动应用用户的特征与行为进行描述的文献非常少。有的资料是从如何进行软件用户体验研究的角度来论述的，往往没有提供具体的用户数据。有的资料是从在线消费者的角度进行论述的，并没有针对中国消费者。仅有的具有数据支撑的书籍是国外一些营销学资料，但资料没有从中国实际的人群特点进行描述。下文对移动应用软件用户特征的文献回顾来源于艾瑞咨询集团2012年中国手机上网用户行为研究报告（电子商务研究中心，2012—2013年），其中手机上网用户可以等同于移动应用软件用户，所以资料中的数据可以对本书的论述起到支撑作用[34]。

[34] 艾瑞咨询集团.2012年中国手机上网用户行为研究报告[EB/OL].[2015-1-13].http://report.iresearch.cn/1991.html.

（1）使用手机上网用户中，男性比例略多于女性，但总体趋向于平衡。

中年以上（40岁以上）人群正在逐步接受移动上网，数量不断增加。具体的数据与分析如下：2012年男性手机上网用户比例为56.6%，略低于2011年的58.1%。2012年女性手机上网用户比例为43.4%，相对于2011年的41.9%有所提高，但从总体趋势来看，男性与女性用户数量趋于平衡（见图2-10）。从年龄结构来看，24岁以下人群所占比例大幅减少，而24岁以上人群占

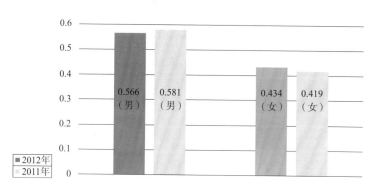

图2-10
2011年和2012年手机上网用户性别分布

比正在快速增加。但这并不是说明24岁以下手机上网年轻人的绝对数量在减少，而是由于年龄大的人群数量增加很快，因此年轻人的占比在降低。值得注意的一个现象是41~50岁的人群正在快速地接受这种手机上网的新形式，人群比例由8%快速攀升到10.4%（见图2-11）。

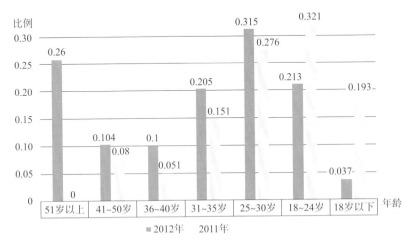

图2-11
2011年和2012年手机上网用户年龄分布

（2）手机上网用户呈现高学历，具有较高专业技术水平的特点。

具体的数据与分析如下：从2012年的手机上网用户学历分布看，具有大学专科及大学专科以上学历的用户占总用户人数的绝大多数。其中大学本科学历的人数最多，占到了总人数的51.5%；大学专科学历的用户占24.4%；硕士及硕士以上学历的占9.3%，这三类人群共占据总手机上网人数的85.2%。从以上数字可以看出我国手机上网人群具有高学历的特点（见图2-12）。

从手机上网用户的职业分布看，企业基层员工、专业技术人员、学生占据前三位，分别为18.5%、17.7%与16.1%，排在他们之后的五个职业分别是企业基层管理人员、企业中高层管理人员、自由职业者、国家公务员和企业业主/个体户。从以上数字可以看出，具有一定的技术职业技能的人群最容易演变为手机上网用户，因为他们对新技术的抵触心理较低。

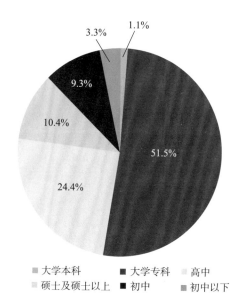

图 2-12
2012 年手机上网用户学历分布

　　（3）手机上网用户中，中等偏下收入人群占据绝大多数。

　　具体的数据与分析如下：从用户的收入角度进行划分，手机上网用户可以分为学生与非学生人群。在非学生人群中，月收入水平为 1 500~8 000 元的用户占据总人数的绝大多数，总计 78.6%。其中收入水平在 3 000~5 000 元的用户数量最大，为 34%；1 500~3 000 元的用户次之，占 24.7%；5 000~8 000 元的用户占 19.9%。从 2011 年与 2012 年的数字对比来看，2011 年与 2012 年从收入分布的角度并无太大的变化，这说明中国手机上网用户主体的收入水平是中等偏下的，他们对手机应用的付费内容会很敏感。学生人群中可支配零用钱为 500~2 000 元的人群所占比例最高，总计 60.3%，这说明学生使用智能手机普及率非常高，并且具有了消费付费应用的能力。

　　（4）手机上网用户数量在中国受省份区域影响很大。

　　具体的数据与分析如下：从 2011 年与 2012 年手机上网用户的省份区域人数数量对比来看，情况发生了很大的变化。首先，北京、上海等一线城市的用户数量急速增加，尤其以上海的增加速度最快，从2011年的2.7%快速上升到2012年的7.7%。而占有用户数量最大的五个省（直辖市）分别为广东省、山东省、北京市、江苏省、上海市。其次，从地域的范围来看，沿海发达地区的手机上网人数要远远高于西部欠发达地区，这与中国的总体经济形式是一致的。最后，从区域范围来看，我国手机网民最多的三个区域是华东、华北与华南。从以上数字我们可以看出，手机上网人数受地域经济条件的影响十分巨大，而受地域文化的影响相对较小。

（5）中国手机用户倾向于利用碎片的时间上网。

具体的数据与分析如下：2012年手机上网用户使用手机上网频率的特点为一天多次使用手机上网，这部分人群占总人数的71.9%。从上网环境的统计数字来看，用户在等车无聊时与乘坐公交或地铁的过程中最容易使用手机上网。这两种场景发生手机上网行为的概率分别为54.2%与47.3%。另外几种场景分别为下班后的家中、上班休息时、外出旅游时、逛街购物时。从以上数字我们可以看出，人们使用手机上网最多的环境是当他们处于最无聊或最希望打发时间的时候。另外场景出现在当台式电脑不容易获得的场景中，唯一例外的是在下班后的家中。值得注意的是在家中使用手机上网的比例正在不断增加，这说明移动设备的一些功能已经在慢慢地代替台式电脑。

（6）用户习惯利用平板电脑实现更为丰富的任务。

具体的数据与分析如下：2012年用户对手机端与平板端的使用习惯既有相同之处又有不同之处。相同之处是人们都倾向于利用二者（移动终端）进行即时通信、通过搜索引擎浏览网页、浏览新闻资讯等。不同之处是手机用户会把更多的时间投入以上的三个功能，而平板端的用户会利用平板电脑实现更多的任务。平板端的另一些常用功能是电子邮件、移动购物、视频服务、网上银行、第三方支付、下载应用软件、社交网络、移动阅读、移动网络游戏与旅行预订等。从以上的数据可以看出人们对不同移动端的期望是不同的，手机屏幕较小，倾向于即时通信与快速地查看新闻，而平板电脑由于屏幕较大，更加适合于代替传统电脑，帮助人们处理工作和生活中的各种任务。

（7）用户倾向于采用多种入口途径连接网络。

具体的数据与分析如下：通过传统台式电脑上网，绝大多数情况下用户会选择浏览器，浏览器是电脑的主要上网入口，很多网络应用都是基于浏览器来运行的。但通过移动终端连接网络情况就出现了变化，由于移动终端受屏幕尺寸的限制，浏览器往往不能为程序的展现提供一个很好的平台，因此应用企业要想拥有更多的用户必须重新设计其基于浏览器的应用，或脱离浏览器开发新的基于手机平台的网络应用。统计显示：2012年，我国移动用户通过浏览器上网与通过网络应用上网的比例分别是59%与41%，因此可以看出，浏览器正在被更加人性化的各种网络应用所代替。

（8）手机在移动终端中占主体地位，开源系统在移动操作系统中占有优势。

具体的数据与分析如下：首先用户在移动上网时对终端选择上更倾向于使用手机，其次是平板电脑。手机在整个移动终端中的比例为83.4%，而平板电脑的比例为15.1%。我国用户对移动操作系统进行选择上更倾向于开源的安卓系统，用户的使用率为61.9%，其次为iOS系统、塞班系统与Windows Phone系统。从以上数据可以看出，手机由于具有易携带、提供通信功能的优势，因此成了移动上网的主流终端。从操作系统的数据可以看出，我国用户偏向于选择开源操作系统，这是由于具有开源系统的硬件设备相对便宜，同时在系统中使用的软件多数是免费的，这正符合我国手机上网用户为中低收入水平的特点。

（9）性价比高的国产手机正在逐渐被高收入人群接受。

具体的数据与分析如下：从用户的收入水平与手机品牌选择偏好角度进行统计，使用苹果手机的用户平均收入最高，主要集中在5 000~8 000元；使用三星手机的用户平均收入水平次之，集中在3 500~5 000元；使用国产品牌手机的用户平均收入相对较低，集中在 2 000~3 500 元。但近两年的新形势是小米、魅族、华为等国产新手机品牌异军突起，它们提供的产品具有高性能与低价格的特点。同时，这些品牌多数有互联网背景，十分重视对企业品牌价值的培养，因此得到更多手机用户的拥护。随着企业品牌力的提升，一些收入水平在 5 000 元以上的人群也在逐渐改变对国产手机的原有态度，开始接受并购买国产手机。

第三节　用户体验模式研究

一、用户体验相关概念

1. 体验、用户体验与用户体验设计

"体验"，在《现代汉语词典》里的解释为：通过实践来认识周围的事物；亲身经历。推及移动应用产品，其可以被解释为用户使用一种产品并对其产生某种认识。推及交互设计，其可以被解释为用户使用一种产品并对其产生某种认识，这便是用户体验。

用户体验是由唐纳德·诺曼提出的，他认为大脑反应分为三个层次：本能层、行为层与反思层（见图 2-13），用户体验是三个层次的综合[35]。用户体验是指用户在使用某种产品或服务时建立起来的主观心理感受。用户体验并不是指产品本身是如何工作的，而是指产品如何和外界联系并发挥作用，也就是人们如何"接触"或者"使用"它。用户体验并没有对认识对象有所规定，只要用户使用了产品，就必然会对其产生一种认识，对其评价可以是好也可以不好。

[35] Donald A N. 情感化设计 [M]. 付秋芳，程进三，译. 北京：电子工业出版社，2006：47-65.

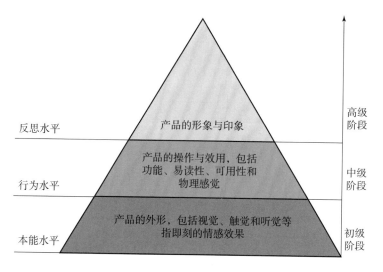

图 2-13
唐纳德·诺曼提出的大脑反应三个层次

唐纳德·诺曼还认为用户体验主要是针对人与计算机界面的交互，他强调人对计算机或装有计算机系统设备的操作过程，事实上这仅是其中的一部分。他最早提出用户体验这个概念的动机是认为人机界面与易用性内容太过狭义，于是想用一个概括性的语言描述个人体验涉及的各个方面，包括工业设计、视觉设计、界面展现、人机交互等，用户体验涉及设计的各个方面，在时间上，也贯穿于整个使用周期。用户体验并没有对认识对象有所规定，而是强调用户使用过程中会产生某种认识，这种认识可以是正面的，也可以是负面的。"好的产品设计一定建立在对用户需求的深刻理解上"，这句话被许多设计师认同。但好的交互设计没有固定的评判标准，它很难像数学公式那样有严格的规定和界限。交互设计贯穿用户的使用过程，好与不好在于用户的感受，用户在使用时的这种感受，就是常讲的用户体验。

2. 交互设计与用户体验

交互设计作为一门关注互动体验的新学科，由 IDEO 的创始人比尔·莫格里奇提出[36]。学者 Alan Cooper（2005）将交互设

[36] Bill M. 关键设计报告——改变过去影响未来的交互设计法则[M]. 许玉铃, 译. 北京: 中信出版社, 2011: 1-10.

计定义为：交互设计主要面向人类创造的人造物（实体产品或软件系统）、人们周边的环境以及人们自身的行为，交互设计要针对这些内容进行规划与设计，与传统的设计学科不同的是交互设计更加关注于人类行为的形式与影响[37]。用户体验和交互设计不能被割裂开来，它们是相伴而生的，用户在使用产品时是一个自然的体验过程。交互设计研究的是用户在使用产品时可能遇到的困难，通过设计弱化困难和阻碍，使用户在使用的过程中能够简单、快速、愉悦地达到目的。这将涉及产品造型、界面设计、操作方法等诸多方面，总之是提高用户使用体验。交互设计与用户体验的关系可以理解为：设计师设计一种产品与交互方式，使其为用户提供一种体验。对于同一个产品，每一个用户的体验是不同的，这个产品不可能满足所有用户的需求，但是可以通过交互设计尽量优化用户的体验过程。另外，交互设计与用户体验是不断变化的，今天的用户喜欢不能保证明天的用户喜欢，因此要以发展的眼光看待这两个概念[38]。

二、可用性目标与用户体验目标

学者 Jennifer Preece 等（2003）认为，交互设计要提高用户的生产效率，系统要具有挑战性与吸引力，以支持有效的学习。我们把这些高层次的关注事项称为可用性目标与用户体验目标[39]。可用性目标是关于满足特定需要的可用性标准，如使用的效率、频率与舒适度等指标。而用户体验目标则是研究用户体验时的直觉感受所到达的程度，如产品是否可以使人愉悦、具有满足感等。可用性高并不意味着拥有好的体验。但是好的体验必定是以可用性作为前提的，一个好的产品被创造出来一定是有用的，能够解决用户问题。

可用性目标是指在特定环境下，产品为特定用户用于特定目的时所具有的有效性、效率和主观满意度的目标。一个产品对用

[37] Alan C. About Face 2 [M]. 詹剑锋, 译. 北京：电子工业出版社, 2005:27-29.

[38] 杨艾祥. 用户体验 [M]. 北京：中国发展出版社, 2012:40-42.

[39] Jennifer P, Yvonne R, Helen S. 交互设计——超越人机交互 [M]. 刘晓晖, 张景, 等, 译. 北京：电子工业出版社, 2003:10-15.

户有没有用,即能否满足用户的需求,决定了这个产品是否具备用户价值,解决用户价值等于解决产品的可用性。可用性目标包括以下内容:

(1)功能的可用性。

功能的可用性是指产品存在的价值就是为使用者提供满意的功能服务,帮助其完成特定任务工作。随着交互设计内容的深入,"功能服务"的含义也发生了明显的变化,从最基本的使用向操作舒适、容易、可靠的层面渗透,由此构成了产品的可用性基础内涵。设计的目的归根到底是为用户提供一种解决问题的方法,产品功能是方法的基本构成。在做具体的交互设计之前,完成功能的定义是十分必要的。如中国移动融合通信业务中对"通信功能"的定义是:增强型地址簿(Enhanced Phonebook)、内容共享(Content Sharing)、文件传输(File Transfer)和增强型消息(Enhanced Messaging),该描述清楚明了。人们期待产品具备一定的功能,只有功能被实现,产品才被认为是有用的。可用性直接关系着产品是否能满足用户的功能性需要,是用户体验中的一种工具性的成分。如果人们无法使用或不愿意接受产品的功能,那么该产品的存在也将变得没有意义。

(2)有效性。

有效性是用户完成特定任务和达成特定目标时所具有的正确性和完整程度。任何一个交互过程的操作,对于用户来说都有学习成本,谁也不能保证所有人都可以准确无误地完成一个流程。所以,设计师需要优化整个交互过程,引导用户的操作尽可能准确,使系统可以有效地帮助用户完成各自的任务,提高整个系统的有效性。可以促进产品有效性的设计原则如下:

①用户控制原则。首先,用户在使用产品时,对于产品的流程和操作应该具有可控感,产品给人的感受应该是人在控制软件而不是被软件控制。

其次，要保证操作与目标相符，如果用户所执行的操作与他们的目标没有明显的联系，那么用户将会变得烦躁，放弃产品。尽可能地使用用户熟悉的操作方式，并尽可能地让开发的产品操作简洁明了，这样用户将很容易理解并记住这些操作。

②快捷高效原则。交互式产品开发过程中，产品应该缩减高级用户的操作步骤，并为初级用户提供尽量少的功能，此方法可以同时迎合初级和高级用户的需要。另外，产品还要允许用户快速回退、复用历史动作、重用以前的文字输入和添加用户常用对象列表。例如，在界面中为用户提供经常打开的文件列表；在输入框中提供默认值，在很多情况下，默认值很少需要修改，为用户提供了输入的历史记录，减少了用户的重复输入工作。这些方法都是提高软件使用效率的途径。

③灵活变通原则。软件可以在多种环境中使用并能适用于多种不同的需求。高效的工具应该具有足够的灵活性，可以执行不同环境所需要的功能。以搜狗拼音输入法为例（见图2-14），它具有U模式部首拆分输入功能，当遇到不会的字时，用户输入u和陌生字偏旁部首的拼音，系统便可显示出所寻找的汉字，并提供它的正确读音。这样，使用拼音输入法的用户就不必担心输入不认识的字，因为即使不会读，也照常能正确输入。

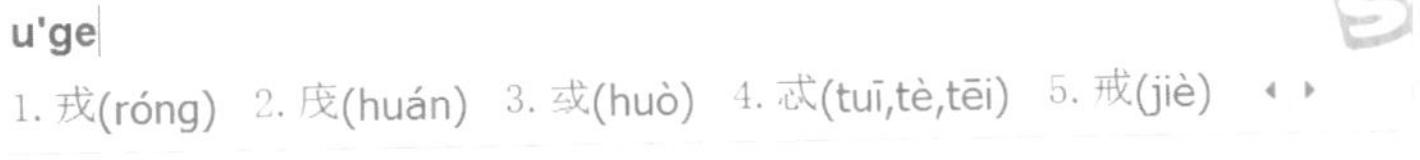

图2-14
搜狗拼音输入法U模式

（3）一致性。

一致性几乎是设计中的一条最基本的原则。从外部看，一致性包括程序与所在设备的一致性。从内部看，一致性包括信息架构的一致性、交互逻辑的一致性、视觉的一致性和文案用语的一致性等。另外，现代产品更新换代快，也需注意统一程序时间轴上诸多版本的一致性。但是，目标并不是绝对的，不加取舍的一致性可能会降低执行任务的效率，需要具体问题具体分析。在视觉上，一致性通过视觉层次、比例、颜色、质感、排版等在设计上达到一致。例如，在设计一款软件产品的多终端界面时，有的不妨将该产品品牌的象征符号、图形、字体等元素结合起来设计，这样会使用户对该品牌产生品牌认知，同时体现出多终端的视觉一致性（见图 2-15）。在操作上，一致性可以让界面控件的使用方法更容易被预知，可以降低用户的学习成本。

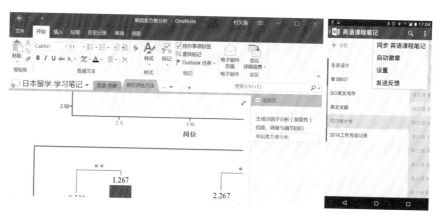

图 2-15
OneNote PC 端与移动端的视觉界面一致性

（4）易学性 / 易记性。

易学性是指产品是否易于学习，易记性是指客户搁置某产品一段时间后是否仍然记得如何操作。使用产品只是一种手段，不是最终目的，因而用户期待利用尽量少的时间和精力去掌握它。人们打开应用不是为了花时间去学习怎样使用，而是为了在最短的时间内以最小的成本解决他们手头的问题。例如我们使用的软件中很多都需要密码登录，但一个人究竟会清楚地回忆起几个不常用软件的用户名与密码呢？因此，为用户提供储存记忆信息的密码恢复机制可以提高软件的易记性（见图 2-16）。

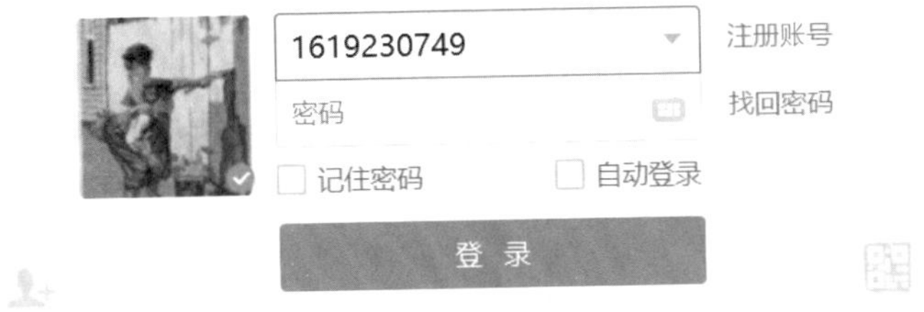

图 2-16
经常被用户忘记的
用户名与密码

（5）可见性。

①操作可见。产品界面设计首先要保证用户操作的控件与其呈现的信息是可见的。控件中的语义符号是界面语言中最常见、最易被感知的信息，例如各种按钮和图标，"+"代表"添加"操作的集合，"▼"代表下方有更多信息。音乐播放器界面中的心形符号表示"喜欢"，用户可以通过单击此图标来收藏自己喜欢的歌曲。因此，用户通过识别控件信息后以操作控件的方式完成人与产品的互动。要实现产品的可见性，首先要做到操作的可见性；其次，控件图形的可见性还与界面隐喻的应用有关，附带性语义符号中有个特殊的类型是必须提及的，也是设计师最乐于关注的，那就是隐喻。修辞上认为隐喻是通过比较两个好像无关的事物，制造的一种修辞的转义。而设计中的隐喻往往借助拟物化来产生附带性的信息（见图 2-17），但并不是单纯地拟物，而是通过与现实物的类比，对界面语言进行转义。当应用程序中的虚拟设备和行为是以我们现实生活为参照模型时，用户就可以很容易理解它的操作。最经典的例子是电脑桌面上的"文件夹"，用户可以根据现实中把文件放到文件夹中这一动作，轻松地理解电脑中的文件与文件夹之间的关系。在设计实践中的注意事项：分清主次，突出重点功能，隐藏不常用的功能；循序渐进，隐藏的功能也要能够在需要的时间或环境中，通过渐进披露的方式显示（见图 2-18）；某些辅助性的信息不要喧宾夺主。

图 2-17
界面设计中的拟物

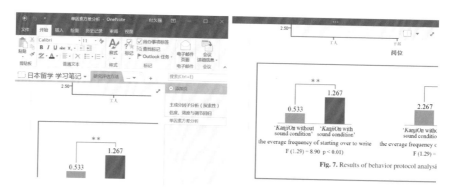

图 2-18
OneNote 软件的标准模式与阅读模式

②反馈可见。人机交互是人与机器的交流,有交流就应该有信息的输入和输出。人提供指令,同时机器对用户的操作做出即时反馈,这样才算完成一次人机交流。在用户使用互动式产品时,用户向产品主机提交数据,产品向用户呈现处理结果。用户接到机器的反馈,确定一次操作的完成,继而进行下一个动作。系统应让用户感觉到计算机在自己的控制下工作,因此,在适当的时候应提供恰当、合理的反馈,以便用户随时掌握系统的运行状态,让用户知道此时正在发生什么。在设计实践中的注意事项:反馈形式要清晰且易于理解。选中和未选中的控件应当有明显的视觉反馈,以便用户区分。处于不可用状态的控件应当在外观上区别于可用控件,防止用户产生迷惑,避免误操作;相同类别的反馈形式要一致;相同的控件和类似的操作反馈在视觉样式及展示位

置上要保持一致；反馈的持续时间要足够充足；反馈要持久，以便用户有足够的时间注意到反馈，并理解其含义；反馈不要阻碍用户。反馈的形式要恰当，持续时间要适中。去掉不必要的反馈。在一般情况下，不要让反馈阻碍了用户正常的工作（见图 2-19）。

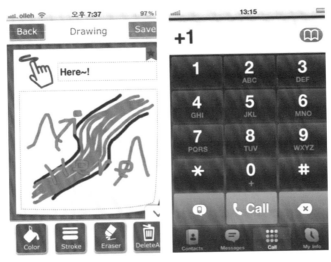

图 2-19
触摸反馈与点击反馈

③信息可见。信息的可见性要求界面所承载的信息在用户看到后可以被第一时间识别并了解其含义。以一个应用程序为例，界面上的按钮最好能"告诉"我们它能做什么，应该怎么操作。直接操纵界面需要高可见性，因为它们依据用户的动作来界定即时的视觉反馈（见图 2-20）。

图 2-20
剪刀操作——界面的信息很容易被用户理解

（6）容错性。

无论做过多少测试，产品都不可能是完美的，用户仍然会在使用过程中遇到错误和问题。既然任何一个软件产品或系统出错都不可避免，那么系统的容错性就至关重要。容错性是一种防御性设计，设计时提前预估用户可能犯的错误，提前进行设计，使用户在执行某些错误操作的时候，至少不会造成严重的后果。

①防错性：在不可逆转的重要操作前提供提示，以减少有严重后果的错误出现次数。在设计应用程序时，需要注意下面一些关于用户的操作：在执行某个操作之前，保留取消的余地；在执行某个危险的操作时，先让用户选择确认过程；在执行中止操作时，应有个过渡过程；限制用户某些交互操作，界面控件置灰是限制某些操作的解决办法。例如，图 2-21 中防止用户跳过第一步而直接进入后面操作就采用了置灰的方式。一方面告诉用户当前操作的焦点，即可操作区域（黄色区域）；另一方面预示后面还有哪些操作步骤。

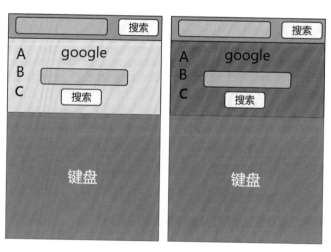

图 2-21
可操作区域与不可操作区域

②容错性：如果错误不可避免地发生了，那么合理恰当的提示可以减少用户的挫败感。错误信息应当使用简练的语句，清晰

地表达当前系统状况，而不应空泛模糊（见图2-22）。面向用户的错误信息中避免使用难懂的代码，用户应当在不查阅任何手册的情况下就能够理解错误信息。设计应用程序时，需要注意下面一些关于用户的操作：提前提示某些操作可能引起的错误。例如，在输入密码需要区分大小写时，提供CapsLock键提示以免出错（见图2-23）；操作后提示确认。例如，在用户单击发送后提示没有输入主题信息，防止用户直接发送无主题邮件；不仅要反馈出错，更要给用户解答。最好能够告诉用户具体错误的原因在哪里，是哪句话和文字出现的问题；给予用户适当的指引和建议。例如，在谷歌搜索引擎中，当用户没有搜索到相关内容时会进行必要的提示。

图2-22
对于错误进行了合理的提示

图2-23
大写锁定提示，避免出错

③纠错性：错误信息提示应当为用户解决问题提供建设性帮助，这就需要提供犯错之后的恢复机制来挽回用户出错时造成的损失，例如，当用户在电子邮箱中写信时，如果浏览器意外关闭，那么用户重新登录邮箱页面后，之前没写完的信件还会保留。搜狗输入法的智能纠错功能也是典型的案例。使用全键盘的用户，经常会遇到 i 与 o 敲错的情况，在想输入"想你了"你输入 i 时，手指点在了 i 和 o 之间的区域，如果没有屏幕位置纠错，那么你看到的结果就是"xoangnile（西欧昂你了）"，但如果有了搜狗输入法的屏幕位置纠错，你看到的结果就是"xiangnile（想你了）"。

三、用户体验模式研究

1. 用户体验模式的内容与特征

学者 Jesse James Garrett 认为用户体验模式包括用户对可用性、品牌识别、信息架构、交互设计等方面的体验。具体来说，用户体验模式是一个从抽象到具象、从概念产生到项目完成的一系列过程。这个过程包含了很多要素，这些要素主要分为五个层面，第一个层面是产品目标与用户的需求；第二个层面是产品的功能特征与产品展示的内容需求；第三个层面是对信息的解构与产品操作；第四个层面是产品内容设计、界面设计与信息层级设计；第五个层面是产品外观与视觉设计。从 Jesse James Garrett 对用户体验模式的认识来看，他把用户体验融入了软件产品开发的整个过程中，他描述的体验要素的五个层面代表了产品开发的五个具体步骤，他的观点指出了用户体验不仅是评价标准，更是伴随软件开发必不可少的设计要素[40]。用户体验模式可以是融入设计与开发过程中的具体指标与原则；也可以是认知与情感形成过程，并最终形成对产品的正向评价；还可以是产品本身所具有的基本特征，产品通过这些特征影响人的行为与反馈。总之，学者对用户体验模式认识的角度有很大的区别，但共性之处是研究

[40] Jesse J G. 用户体验要素：以用户为中心的产品设计 [M]. 范晓燕, 译. 北京：机械工业出版社, 2011.

的范围都比较宏观，要想对软件开发有实际指导意义还需要从微观即软件产品角度入手研究用户体验。

2. Rachel Hinman 的五种用户体验模式

关于用户体验模式，学者 Rachel Hinman 认为在移动互联网领域，正呈现出五大新兴的用户体验模式[41]：模式一，云和应用作为设定点，云服务使用户不需要在本机上保存大量的文件，而是使用在线数据传输，同时赋予它社交功能。应用作为设定点是由于在移动时代，用户对于应用的使用多于对于文件的使用（见图 2-24）。模式二，渐进式体验，主要指移动设备可以引入自然用户界面（NUI），与"所见即所得"不同，NUI 表达的是"所做即所得"概念（见图 2-25）。模式三，内容即界面，主要指强调移动应用内容的互联性，强调 NUI 手势驱动的交互方式和超拟真表达方式（见图 2-26）。模式四，使用移动设备独有的输入机制，主要指除了使用传统的键盘外还可以利用移动设备提供的输入方式，如摄像头、麦克风、GPS 与重力传感器等。模式五，探索可能性胜于完成任务，主要指相对于传统的计算机以完成目标作为任务驱动，移动设备要让用户期待做更多的事情，鼓励他们不断地探索与发现。

[41] Rachel H. 移动互联：用户体验设计指南 [M]. 熊子川，李满海，译. 北京：清华大学出版社，2013.

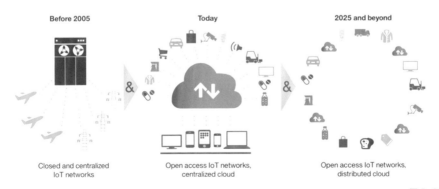

图 2-24
模式一：云和应用作为设定点

图 2-25
模式二：渐进式体验

图 2-26
模式三：内容即界面

3. 微软（Microsoft）定义的用户体验模式

微软定义的用户体验模式指一系列的设计指导模式，是微软公司发布在 MSDN 官网上，针对该公司的移动操作系统上的软件（Windows Phone 软件与 Windows 商店软件），用以指导开发人员设计出具有高质量用户体验软件产品[42]。微软定义的用户体验模式包括：设计原则、导航模式、命令模式、触控互动模式、广告模式、品牌模式、用户体验指南。从微软对用户体验模式的定义我们可以看出用户体验模式可以分为三个方面，第一方面是软件设计的总体指导原则，这包括对现代设计与风格的理解、对于软件整体架构的理解、对软件的定位等，设计原则是从宏观方面对软件设计与开发进行指导；第二方面是软件交互的三种主要模式，这是从用户与软件的互动角度进行指导，通过对三种模式的阐述，完整地搭建了软件与用户互动的桥梁；第三方面是对软件

[42] Microsoft. "用户体验模式" [EB/OL].

推广方式的指导。软件企业与个人开发者要想生存，必须有良好的盈利模式，并要保证在盈利的同时不干扰用户的连续体验。

（1）设计原则。

设计原则包括宏观原则与微观原则。宏观原则包括产品与现代设计的关系、产品中的技术要素、产品的外观特点、产品的沉浸性特点、产品与隐喻、用户与商家的共赢设计。微观原则包括边缘设计、动态磁贴设计、初始屏幕设计、语义式缩放设计、超级按钮和合约设计。边缘设计指在软件的交互界面中，边缘部位的控件格外重要，屏幕的边缘往往包含命令与导航，是整个界面中与用户交互次数最多也是最易被忽视的部分。动态磁贴设计指对软件开始菜单中的动态磁贴（动态图标）进行外观与内容的设计（见图2-27）。动态磁贴功能相当于其他系统中的桌面图标，与静态图标不同的是它在提供点击区域的同时可以提供简单的信息提示，如未接电话的数目、未接邮件等。初始屏幕设计指软件加载过程中为用户提供的等待界面。这个界面的主要功能是打消用户在等待过程中的烦躁情绪，同时给用户提供对软件的直观认识。语义式缩放设计指软件在面对信息检索时要提供快速浏览功能，语义缩放是针对快速浏览中的浏览区域提出的原则，它要求在产品中，用户可以通过快速地查看浏览区域的文字语义以了解

图2-27
Windows 10 开始菜单中的动态磁贴

整个页面或软件的逻辑架构。超级按钮与合约设计指在软件中可以提供一些超级按钮，这些按钮可以连接其他软件的内容，通过这种合约设计，软件的可用性与内容的丰富性可以大大扩展。

（2）导航模式。

导航模式分为针对手机端（Windows Phone）的导航模式与针对平板端（Windows 应用商店程序）的导航模式。针对平板的导航模式包括分层模式、画布导航、应用顶部导航和语义缩放式导航。分层导航模式适合于内容信息量大的应用程序（见图2-28），一般这种模式提供信息的三个层次解决方案，即中心页面层、部分页面层与详细页面层，这是一个信息由概括到具体的

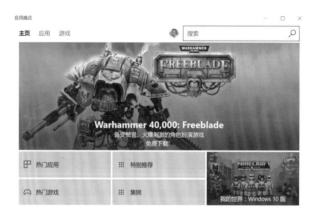

图 2-28
Windows 应用商店使用的分层导航模式

展现过程；画布导航也称平面导航，与分层模式不同的是，此种方式只有一个层次，用户通过左右滑动实现画面的跳转。这种导航的优势是画面始终处于连贯的状态，用户更容易沉浸其中。应用顶部导航是微软设计的一种特殊的导航模式，与其他操作系统有很大的不同，当用户由屏幕顶端向下滑动时，会出现顶部导航条，这种导航方式比较隐蔽，因此只能作为辅助的导航方式。语义缩放式导航与分层模式类似，只是相对层级更少。针对手机端的导航模式包括带有主页菜单的导航模式、功能模块分区导航模式、应用选项卡导航模式、详细信息延展导航模式和同一页面随

机选择导航模式。主页导航指在软件的页面中有一页显示产品的所有功能，单击相应的功能按钮可以进入对应的功能页面。功能模块分区导航指软件页面中没有明确的主导航，功能页面的重要程度类似，因此模块与模块之间是一种平衡的关系，一般导航方式采用左右滑动。应用选项卡导航类似于传统桌面应用程序的页签式导航，用户始终可以看到程序的主导航，单击可以进行功能的切换。详细信息延展导航在页面中出现信息量过大，并且信息之间还有一定的逻辑关系的情况下使用。软件可以把不同的信息进行分类，并进行收缩或隐藏，这样可以减小用户的信息接受压力。页面随机导航指软件的信息结构类似，软件为用户提供的服务只是每天信息的更新，这种情况下可以使用这种方式。

（3）命令模式。

命令模式特指在应用中出现的功能图标控件（这些图标直接指向对应的功能）的设计方法。命令模式与导航模式不同，导航的目标是指向用户所要进入的页面，而命令的目标是要完成用户所要实现的功能。导航使元素可以使用，而命令使元素具有实用价值。命令模式包括命令类型和命令放置。命令类型具体指筛选模式、透视模式、排序模式、查看模式与提示模式。命令放置具体指屏幕中的位置、底部应用栏、常用命令的放置。其中，命令放置的总体原则主要体现在三方面：可预测性，即软件命令的设置位置要符合用户的日常使用习惯，用户可以不费力气地找到与理解命令符号或图标；符合人体工程学的要求，即软件命令符号要使用户可以快速地用肢体语言操作，增加软件的易用性；符合美学标准，命令设计的符号不宜过于复杂，同时要为用户提供优良的美学享受。具体的设计准则如下：将默认或用户经常用到的命令放在应用栏的右侧；尽量使用屏幕的边缘，如果出现大量的命令，则可以把命令按钮分开放在屏幕的左右两侧，这样可以使视觉平衡并更容易让用户访问；显示已禁用的命令，目标是不破坏持久性命令的排序；插入选择命令，命令插入后，最新的命令应在应用栏的最左边,用以突出显示;常用命令放置的习惯是"全选"命令一般放在最左侧,"添加""删除""新建"等命令放在最右侧;如果命令栏中的命令项目过多,不易表现,则可以把它们分组,然后放在同一个菜单中(见图2-29)。

（4）触控互动模式。

图 2-29
命令栏的分组

触控互动模式主要指用户与手机、平板电脑进行交互时所采用的手势以及屏幕内支持触控的界面设计。具体的内容包括四个方面:触控设计原则、触控语言、触控目标、姿势与握法。触控设计原则具体指提供即时反馈,用户在与屏幕交互时程序应对用户的操作提供即时的视觉与声音等反馈,这样可以提高用户的信心。当屏幕中出现不可互动的内容时,应在界面中予以提示;内容应紧随手指,用户在拖动内容时,内容要随着用户的手指移动,在遇到不可移动的界面时,内容要通过轻微的移动后恢复原来的位置;使互动可逆,用户在进行特定的功能操作后,如果想撤销,那么系统应能够提供返回的功能;不限制手指的个数,用户经常会不自觉地变化触控手指的个数,遇到这种情况,系统要能够兼容地完成操作,不应因为手指的个数不同,呈现出不同的交互效果。触控语言包括长按以查看详细信息、单击以进行主操作、滑动以平移、轻扫以选定操作命令、收缩和拉伸以缩放、转动以旋转、从边缘轻扫以切换应用、从边缘轻扫以使用系统命令。触控目标指触控区域的大小与形状的设计,可以从目标大小对触控错误率的影响角度分析,提出目标尺寸的最小值、最大值以及最小极限值,并对用户手指的尺寸进行人因工学的研究。姿势与握法指不同用户使用移动设备会有不同的握法与姿势,但应用的显示方式在一定程度上决定了用户的姿势,在软件设计时可以优化自己的程序，为不同握法习惯的用户提供不同形式的优化界面（见图2-30）。

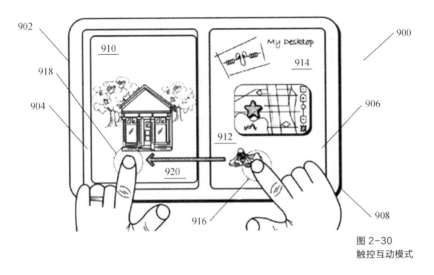

图2-30
触控互动模式

（5）广告模式。

对于应用开发人员与企业而言，广告是一种很好的实现收入的途径，但在软件中插入广告要以满足不破坏完整的用户体验为前提。将广告集成到应用中要注意以下事项：在集成广告的过程中，要将广告与原始设计一起进行布局，为用户提供一致的体验，在应用的顶层和应用的细节页面中广告的位置与大小是不同的；选取互补的广告格式，如果你设计的应用以文字为主，那么广告就可以是美丽的图片，这样就可以在程序内部提供互补的内容；要注意广告的大小与位置要符合微软对界面的格式要求；广告要针对不同的移动端进行调整，但屏幕翻转后，广告的位置要能够自适应；可以针对不同的地理位置提供相应的广告，但要获取用户的位置信息；广告要对关键字进行设计，关键字可以帮助用户搜索；考虑完善的盈利度量标准，建议使用CPM与填充率乘积的方式计算；广告要符合微软官方商城的政策标准；不得在屏幕的边缘轻扫而出现广告，这与系统的基本操作冲突。金山词霸的插入广告策略是将广告隐藏在内容中，让用户误认为这是文章内容而不是广告，这样可以大大增加广告的点击率，但同时会使用户感到自身受到了愚弄，所以这种设计模式可能弊大于利（见图 2-31）。

图 2-31
金山词霸的广告模式

（6）品牌模式。

品牌模式定义了企业希望闻名的特质，在设计应用产品时，开发者要经过精心的策划以确保应用合并了企业品牌的精髓。在移动应用中，如果对品牌的引入处理得当，那么自己的产品会轻易地从众多应用中凸显出来。结合品牌的可视化元素设计模式如表 2-2 所示。

表 2-2 结合品牌的可视化元素设计模式

可视元素	描述
颜色	颜色是展示企业品牌与文化的主要要素。用户能够通过识别不同应用的色彩，了解应用的特质，并且使产品与品牌进行关联
图形	通过将传统品牌 VI 中的图形形象与软件产品相结合，可以使人快速地了解产品的隶属企业，但图形不宜过多，过多的形象容易分散用户的注意力
图像	图像也可以体现企业的风格，在操作中要做到在软件中出现的图片风格要与其他媒介如海报与网站中的图片风格一致
网络	网格可以统一界面中各种元素的比例关系，设计要符合网格布局的要求
布局	在布局中可以体现品牌的精神，但要保证画面与内容产品内部的一致性
版式	版式设计与平面设计类似，要注意字体、图片与色彩间的关系

03

第三章
用户黏性模型设计

移动应用黏性与用户体验设计模式研究
Mobile Applications Stickiness and
the Design of User Experience Patterns

第一节 理论基础

在预测行为的相关理论中,计划行为理论是被运用得最广泛且解释程度较高的行为理论。王海萍基于计划行为理论研究了在线消费者的黏性行为。在她建立的短期黏性模型中(见图3-1),她认为消费者对在线产品的态度是预测黏性意图的中介变量。她把影响黏性形成的因素,如感知有用、感知易用、最初信任与洋溢等变量都归结为态度的形成要素。在她建立的长期黏性模型中(见图3-2),她把过去行为解释为习惯,习惯可以直接与间接地影响用户的长期黏性的形成。Armitage与Conner(2001)通过185个相关项目对计划行为理论进行评估,评估结果证明了这一理论具有应用价值[43]。他们的研究结果主要回答了以下几个问题:首先,自我报告式调研方法得

[43] Armitage C J, Conner M. Efficacy of the theory of planned behavior: a meta-analytic review [J]. British Journal of Social Psychology, 2001(40): 471-499.

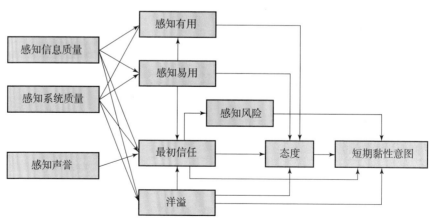

图 3-1
王海萍建立的在线消费者短期黏性概念模型

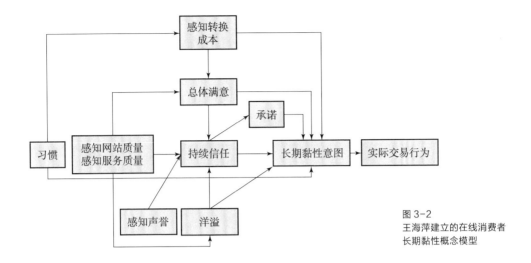

图 3-2
王海萍建立的在线消费者长期黏性概念模型

到的理论变量通常是不准确的,理论模型中的变量最好是通过实际的观察得到的。其次,与感知行为控制认知相比,自我效能对行为的预测更为准确。自我效能(Self-efficacy)指用户认为自己能否顺利地完成任务的主观判断,它与自我能力感是同义的。一般来说,一个人如果经常成功,那么他的自我效能就会较高,反之则会较低。学术界找到代替感知行为控制认知的两个变量是自我效能与干扰行为的外界因素。

学术界对计划行为理论进行了改进,改进后的理论模型认为态度受到三个因素的影响,即过去行为、主观规范与感知行为控制认知。态度是个体对事物观念或他人的稳定的心理倾向,它由感知(用户的思考方式)、情感(用户喜欢或不喜欢)与行为(用户针对事物的行为)构成。但近几年社会学的研究结果表明态度仅仅可以解释一部分行为意向,学者们对行为的预测研究往往会在态度的基础上增加如信任、承诺等变量,以增加理论模型的解释程度。

移动应用的用户黏性行为与其他的消费行为相比有其自身的特点,用户黏性研究的是用户长期持有与使用应用软件的行为,如果移动应用要产生黏性属性，那么它一定要具备用户长期使用的驱动因素，因此对黏性的研究还需要从顾客价值理论角度分析。对于顾客价值理论，Blackwell等（1999）等提出了价值忠诚度模型，他们认为用户对于产品的价值评价与用户使用产品或购买产品的情境会对用户的行为产生影响，同时情境会直接影响用户价值，情境因素也是态度形成的影响因素之一[44]。这说明态度与顾客价值可以同时被纳入同一研究框架。

[44]Blackwell S A, Szeinbach J H, Bainses D W, et al. The Antecedents of Customer Loyalty [J].Journal of Service Research, 1999,4（5）：362-375.

第二节　移动应用用户的黏性行为影响因素

一、基于计划行为理论

1. 态度——总体满意

态度是个体对某一特定事物、观念或他人稳固的心理倾向，态度具有持久性与普遍性两个特征[45]。持久性指人们一旦对某事物形成态度，将会在很长一段时间内维持下去。普遍性指人们对一个事物的态度不是由瞬时的感官形态决定的，而是一个长期通过对事物不断的判断而形成的过程。

人们产生态度是由于态度为人们提供了不可缺少的功能。态度具有四个功能：一是满足人们的效用需要。当人们认为某种产品或服务满足了日常生活基本需求时，就会形成某种态度。例如，手机软件为用户提供天气信息，那么用户会对此软件产生正向的态度。二是满足人们的价值取向需要。每个人的价值取向都可能有所不同，价值取向代表了个人的核心价值与意识。如一些人的价值取向是获得更高的名誉，那么他们会对能够提高自身影响度

[45] 侯玉波. 社会心理学 [M]. 北京：北京大学出版社，2013.

的应用产生正向的态度。三是满足自我保护的需要。这是一种在外来威胁和内在感觉之下起保护作用的态度。如人们会对有助于资金安全的软件产生正向态度。四是满足认知与分辨的需要。这些态度的形成是因为人们有对新事物、秩序认知的需求[46]。如当一个软件进行了更新使人无从入手时,这种态度就会发挥作用。另外,个人对于事物态度的强弱也是有所差异的,主要可以分为三个层次:容忍,用户对事物不存在强烈的偏好;趋同,用户对于事物的态度与相关群体趋同;内在化,用户对事物产生异常强烈的认同感与偏好,这是一种根植于用户内心深处无法改变的态度。从以上内容我们可以看出,态度与个人的行为意向有着直接的联系,因此态度变量被纳入研究模型之内。

总体满意是行为基础的态度,在对移动应用的实际使用过程中,用户经过多次体验会对该产品的功能完善程度、操作体验、美观性等应用特征形成总体评价。由于研究的主要对象是移动应用用户,因此对于用户的总体满意度的评价更能够充分地表达移动应用用户的态度。

2. 主观规范

主观规范指人们在从事某种行为时,会不自觉地受到周围的人与事物的影响,这些影响会使个人的行为偏离预先的轨迹,这说明个人的行为要受到外界的约束[47]。主观规范中的标准信念指个体感知到对自身有重要影响的人对自身行为改变的支持与期望程度。遵从动机指对重要的人的服从程度。因此主观规范也可以将对标准信念与遵从动机的乘积作为间接测量指标。艾森认为个人的行为同时受到主观规范与态度的影响,当人们受到来自外界的压力时,受到主观因素的影响成分大一些;当人们可以自主地控制自己的行为时,事物的态度对行为的影响成分会大些。还有的研究表明,主观规范可以通过态度间接地影响个人的行为。

在最原始的计划行为理论中,态度与主观规范处于并行的地

[46] Ajzen I, Fishbein M. Understanding attitudes and predicting social behavior[M]. Englewood Cliffs: Prentice Hall, 1980.

[47] 张志光,金盛华.社会心理学[M].北京:人民教育出版社,2003: 191-192.

位，但后来的很多研究证明，主观规范并不对个人的行为意向有直接的预测作用，而显示出态度与主观规范有显著联系的趋势，这同时证明了主观规范对态度有直接的影响。因此对于行为意向的预测，主观规范并不是直接影响因素，而是重要的间接影响因素，它通过态度对行为意向产生影响。以用户使用移动社交软件为例，如果某人对移动社交持有积极肯定的态度，同时他的同事与领导们都使用某个移动社交软件，那么他会认为他不使用该社交软件，周围的人会觉得他是不合群的人。因此，我们可以推断该人很可能会产生使用移动社交软件的意向，最终促使行为的发生。

3. 习惯

《现代汉语词典》对于习惯的解释是：在长时期里逐渐养成的、一时不容易改变的行为、倾向或社会风尚。把习惯作为计划行为理论研究的相关组成部分，原因如下：最新的研究表明，过去行为是计划行为理论中影响态度的关键变量，而习惯是过去行为对个人所产生的最主要结果。王海萍（2010）在她的长期黏性理论模型中把习惯因素作为了影响用户长期黏性形成的直接因素，同时习惯还会通过感知转换成本对黏性行为意图产生间接影响。她把过去行为直接解释为习惯，认为过去行为可以作为后续行为的基本预测因素，因为行为的重复导致习惯的形成。她的研究结论证明了习惯对感知转换成本产生了显著的影响，但没有显著影响总体满意。习惯对长期黏性意图有明显的作用，习惯与感知转换成本均不具备调节作用。

学者 Albarracin 与 Wyer（2000）建立了过去行为对将来行为的影响模型，他们认为过去行为通过自我感知直接影响态度，而态度是促成行为意向的直接因素，过去行为会对将来行为产生直接影响，同时过去行为还会通过个人的认知失调过程产生认知结果[48]。人们已经对有规律的、不需要加以思考的重复行为习以

[48]Albarracin D, Wyer R S. The cognitive impact of past behavior: influences on beliefs, attitudes, and future behavioral decisions [J]. Journal of Personality and Social Psychology, 2000, 79(1):5-22.

为常。有研究表明，人们日常中的行为基本上都是日日重复的，而且经常会在相同的领域以特定的方式表现出来[49]。除此之外，Verplanken等（1998）针对人们选择汽车的行为进行研究，证明了人们更倾向于选择与使用从前一直拥有的品牌汽车，人们会对过去的使用经验十分看重[50]。这也证明了过去行为的重要性。因此，用户对移动应用的使用习惯应该被纳入模型。

二、基于顾客价值理论

1. 用户感知价值

用户感知价值的概念来源于顾客价值理论中的顾客感知价值。在文献中，"用户"与"顾客"是两个不同的概念。国际标准化组织（ISO）将顾客定义为：接受产品或服务的组织或个人[51]。用户具体指产品的使用者，如儿童就是儿童玩具的用户。而顾客的概念更偏向于商品的交易过程，如父母为孩子购买了儿童玩具，那么父母就是顾客。从这个例子我们可以看出，面对同样的商品，顾客与用户在很多时候的人群是不重合的。移动软件产品的特点决定软件用户指在应用商场中购买与使用软件的人群。这与传统商品有所不同，因为在移动软件用户中，很少出现购买软件的顾客并不是用户的情况，而这种情况在传统商品交易中很常见。因此，本书中使用用户感知价值来代替顾客感知价值。用户感知价值在本书中是用户对软件产生黏性的驱动因素，因为只有用户感知了价值才会继续拥有与使用软件。因此，用户感知价值因素被纳入研究模型。

2. 感知质量

感知质量具体指用户感知移动应用软件的质量。1994年，国际标准化组织公布的国际标准ISO 8042将软件质量定义为：产品

[49] Wood W, Quinn J M, Kash D A. Habit in everyday life: the thought and feel of action[J]. Journal of Personality and Social Psychology, 2002, 83 (6): 1281-1297.

[50] Verplanken B, Aarts H, Knippenberg A V, et al. Habit versus planned behavior: a field experiment [J]. British Journal of Social Psychology, 1998, 37 (1): 111-128.

[51] ISO.ISO 9001: Customer [EB/OL].[2015-3-20].http://www.iso.org/iso/home/standards/management-standards/iso_9000.htm.

应该提供或满足明确的与隐含的需求的能力[52]。

对于保证与提高软件质量，有三种模型被最为广泛地接受。Bohm 于 1976 年提出了 Bohm 质量模型，在该模型中，软件质量分层次地被解释，主要分为软件的可移植性、可用性与可维护性。该模型主要是从产品的角度探讨软件的质量特征，而从用户角度考虑得相对较少，这是与早期计算机的发展现状密不可分的。McCall 等于 1979 年提出了 McCall 质量模型，该模型认为软件的质量主要体现在 11 个质量特征上。与上一个模型不同的是该模型认为产品的互联性与可移植性也非常重要，技术发展对软件提出了新要求。但此模型同样对用户关注较少。按照 ISO/IEC TR 9126-4：2004，软件质量模型可以分为外部质量、内部质量与使用质量[53]。有别于前两个模型，该理论把用户的使用质量与关于产品的质量放到了同样重要的位置，这是由于 20 世纪 90 年代后期软件产业逐渐采用了以用户为中心的设计思想。本书中研究的感知软件质量主要是基于 ISO 质量模型。在该模型中，外部质量指软件产品自身所要实现的最基本的功能，例如功能性与可靠性等。外部质量是一个产品可以使用的最基本要求。内部质量指软件产品的构成代码等技术要符合规范，这样产品就具有了可移植性与可维护性。用户质量指从用户使用的角度对产品提出要求，包括有效性与满意等指标，这对于产品来说是一种更高层次的质量要求。

3. 沉浸体验

沉浸体验源于 Csikszentmihalyi 在 1975 年提出的沉浸理论（Flow Theory）。沉浸理论认为，当人们从事自己喜欢的活动时会不自觉地沉浸其中，这时个人的注意力会高度集中，会不自觉地过滤周围事件。在早期的沉浸理

[52] ISO. ISO 8042 [EB/OL]. [2015-3-20]. http://www.iso.org/iso/home/store/catalogue_tc/catalogue_detail.htm?csnumber=15054.

[53] ISO. ISO/IEC TR 9126-4 [EB/OL]. [2015-3-20]. http://www.iso.org/iso/home/store/catalogue_tc/catalogue_detail.htm?csnumber=39752.

论中，挑战与技巧是影响沉浸的主要因素。从事某项工作时，当遇到的挑战远远超过自己的承受极限时，人们会放弃；当工作的挑战很小，个人的技巧几乎不用发挥时，人们又会觉得索然无味，同样会放弃。只有当挑战与技巧达到某种平衡时，人们才会产生沉浸体验[54]。随着计算机技术的发展，沉浸理论已经延伸到人机互动领域。Webster 等认为要实现用户在人机互动过程中进入沉浸状态，必须使应用产品具有游戏（Playful）和探索（Exploratory）的特质[55]。Ghani 和 Deshpande（1994）通过研究人机交互对工作与生活的影响，发现了专注（Concentration）与心理享受（Enjoyment）是沉浸的主要特征[56]。专注是指用户在使用软件时完全地投入其中。心理享受是用户通过软件产品的使用而产生的一种心理满足。

关于沉浸体验，台湾心理学家余德慧对其的阐述是：当人们有一个目标还拥有必不可少的技巧时，个人就有可能实现目标。当个人产生了挑战目标的欲望时，在目标实现的过程中会与周围的事物发生互动，这时个人的意识就会投入其中，而与人交互事物又要求个人意识产生积极的反应，这时的意识状态被称为沉浸体验。Csikszentmihalyi 通过研究发现，很多的科学工作者或艺术家在其工作期间都会不自觉地进入沉浸进状态，而这些人往往一致认为："当他们进入这种状态时，他们会忘掉周围的一切事物，这时他们的创造思维是最活跃的，工作效率最高，同时会得到工作的成就感与满足感。"从以上的分析我们可以看出，软件的沉浸体验与用户的持续使用关系密切，因此沉浸体验因素被纳入研究模型。

4. 转换成本

转换成本是指顾客由于某些原因放弃原有的产品或企

[54] Csikszentmihalyi M. Beyond Boredom and Anxiety [M]. San Francisco: Jossey-Bass Publishers, 1975.

[55] Webster J, Trevino K L, Ryan L. The in human-computer interaction [J].Computers Human Behavior, 1993(9):411-426.

[56] Ghani A J, Deshpande P S. Task characteristics and the experience of optimal flow in human-computer interaction [J].The Journal of Psychology,1994,128(4).

业而产生的成本,在一定的意义看,它属于一种特异性投资[57]。学者 Klemperer(1987)第一次提出了顾客转换成本的类型,他认为交易成本、学习成本和合同成本是转换成本的主要表现方式[58]。交易成本指顾客与某一企业或产品建立关系所产生的成本,同时包括结束关系所花费的成本。学习成本指顾客放弃原来的产品而使用新产品所付出的努力。合同成本主要是针对企业所制定的一些促销与黏性方案,用户如达不到一定的次数或时间就会损失合同成本。Burnham(2003)将转换成本定义为三种类型,分别是:程序型转换成本、财务型转换成本与关系型转换成本[59]。从以上的分析可以看出,转换成本是用户在转换产品时必须考虑的问题。如果一个软件产品具有很高的转换成本,那么它就更容易留住用户。因此转换成本与用户黏性关系密切,转换成本因素可以被纳入研究模型。

5. 替代品吸引力

在关于经济学的研究中,替代品是指替代现有产品的其他产品,在市场营销研究中替代品指同类产品的其他品牌。替代品之间具有一些可以相互替代的性质,如当我们下载的某款视频软件在观看视频时总是处于缓冲状态并不进行播放,那么我们很容易就会进行软件转换,寻找替代品继续观看视频。替代品吸引力可以被理解为:市场中与现有产品功能类似的产品所具有的吸引顾客置换现有产品的能力,也可以理解为同类产品能够令顾客满意的心理预期。许多研究证明替代品吸引力与产品的用户黏性呈现负相关的关系。如 Sharma 等(2000)的研究证明了如果顾客感觉到新的服务可以提供更好的体验,那么顾客将会停止与现有企业或产品的关系[60]。替代品是否可以替代现有产品,其评价标准是看它是否为顾客提供更高的价值。从功能角度分析,替代产品可以在某一行业内部提供一种限价机制,限制行业内企业的收益水平。如果一个产品的替代

---

[57] 桑辉,王方华.顾客转换成本研究综述[J].哈尔滨工业大学学报(社会科学版),2006,8(2):102-106.

[58] Klemperer P. Markets with consumer switching costs [J]. The Quarterly Journal of Economics, 1987, 102(2): 375-394.

[59] Burnham TA, Frels J K, Mahajan V. Customer switching costs: a typology, antecedents, and consequences [J]. Journal of the Academy of Marketing Science, 2003 (31): 109-126.

[60] Sharma N, Patterson P G. Switching costs, alternative attractiveness and experience as moderators of relationship commitment in professional, consumer services [J]. International Journal of Service Industry Management, 2000 (11): 470-490.

产品能够被证明具有更好的功能与性价比，那么关于这种产品的转换成本将会大大降低，顾客就很有可能放弃原有产品而选择替代产品。

在移动应用领域出现的新情况是实体产品生产商制造的产品正在被虚拟的应用软件替代品所取代。如十几年前的卡西欧计算器质量很好、价格便宜，有着很好的用户体验，但移动应用的出现使现有的实体计算器销量大大降低。今天它的替代品是移动计算器应用，不用支付任何费用，具有同样好的用户体验，而且携带更加轻便。因此人们会毫不犹豫地进行产品转换，选择价值更高的移动应用计算器。从这个例子可以看出替代品吸引力在一定情境下对现有产品的持有与使用产生重要的影响，因此，替代品吸引力被纳入移动应用用户黏性模型的研究。

三、平台服务属性

平台产业与传统产业最大的不同之处在于它塑造出了全新的产业模式。传统产业模式是单向的、直线的，而平台产业可以连接传统产业两端的商家与消费者，使他们直接与对方接触[61]。平台服务属性的概念是从移动应用为用户提供的服务特点角度提出的，本书把移动应用分为工具型与平台型，工具型应用具体指应用自身所提供的功能就可以满足用户的需要，用户使用应用的源动力就是通过应用获得便利或身心愉悦。例如计算器应用很简单，没有多余的功能，但却可以帮助人们快速地计算，使人们从繁重的计算中解脱出来。游戏应用也属于工具型应用，应用提供迷人的互动内容，使用户沉浸其中，忘记烦恼，这种方式也是软件自身为用户提供了充足的服务，满足了用户的需求。平台型应用指用户使用应用并不是应用本身会为用户直接实现价值，应用只是服务平台的一部分，企业要通过平台各部分的协调配合，为用户

[61] 陈威如，于卓轩．平台战略[M]．北京：中信出版社，2013：15-17．

提供有价值的产品或服务。例如淘宝的移动客户端软件就是典型的平台型应用，用户使用淘宝软件并不能在使用过程中直接实现价值（当然也有人会认为观看电子商城展示的商品本身可以使身心愉悦），淘宝软件只是网络购物平台的一部分，用户想通过此平台真正得到的是物美价廉的实体商品[62]。打车软件也是平台型应用的一个代表，用户使用软件是为了更快地打到出租车，而司机使用此软件是为了更快地找到客人，此类软件为他们提供了信息共享平台。

平台型软件要想获得用户的青睐，至少应该具有以下属性：良好的沟通机制、优良的产品品质、完善的信用评价、切实的安全保障。以具有高黏性的淘宝移动应用为例，淘宝通过阿里旺旺实现了沟通的流畅；通过建立卖家地方商会制度使淘宝提供的商品具有较高的品质与低水平的价格；淘宝建立了完善的信用评价体系，在商城中，如果卖家的信用评级不高，该商家就很难销售商品。同时，商城也为顾客进行评级，信用不高的顾客是不受商家欢迎的。淘宝所在的阿里巴巴集团推出的支付宝服务，为用户的购买行为提供了资金安全保证。

[62] 李晓虎. 淘宝网营销模式研究[J]. 中国商贸,2011(12):19-20.

第三节　模型构建及变量分析

一、变量设置

本研究根据计划行为理论引入态度、行为控制认知、主观规范、过去行为等变量。值得注意的是由于移动软件产品多数都是免费的，即使少部分收费，价格也是十分低廉的，我国的用户很少出现对自己的行为缺乏控制或无力支付软件情况，因此模型中将不引入行为控制认知变量。同时，过去行为变量将由习惯变量取代，因为过去行为的范围十分宽广，涉及生活中的各个方面，对黏性行为的预测力较弱，而国内外很多学者认为习惯是过去行为作用的结果，但不是必然结果，习惯对黏性有直接的促进作用，因此本研究将用习惯代替过去行为。顾客价值理论是将人们的购买行为以投入与产出的比值作为评价标准，其中，顾客感知价值作为中介变量。本研究关于顾客价值所提出的变量还包括感知质量、沉浸体验、转换成本、替代品吸引力。本研究的对象是移动应用用户黏性的行为意向，因为意向是判断行为发生的主要依据。研究目的是寻找移动应用用户黏性行为意向的形成机理，形成机理主要指黏性形成过程中的各要素的性质、关系与结构。

二、模型的构建

本研究基于计划行为理论与顾客价值理论，同时考虑平台服务属性的影响。在移动应用用户黏性行为模型中，总体满意与用户感知价值是两个中介变量；习惯与主观规范通过总体满意间接影响用户的黏性意向；习惯对用户的黏性意向同时具有直接影响，习惯还会作用于转换成本；感知应用质量会影响用户感知质量与沉浸体验；沉浸体验影响用户感知价值、总体满意并直接作用于用户黏性意向；转换成本直接作用于用户黏性意向；替代品吸引力影响转换成本并直接作用于用户黏性意向；平台服务属性对用户黏性意向有直接影响（见图3-3）。

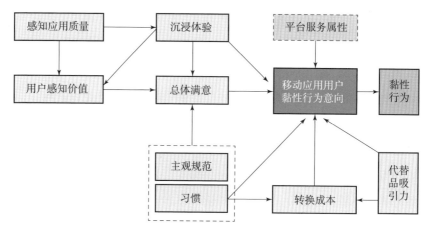

图 3-3
移动应用用户黏性行为模型

三、变量分析

1. 自变量

根据移动应用用户黏性行为模型,本研究的自变量包括习惯、主观规范、感知应用质量、沉浸体验、转换成本、替代品吸引力与平台服务属性。

(1) 习惯。

习惯指人们在使用移动应用时表现出的有规律与自动化的动作,这些动作的执行已经变得不需要思考与计划。例如用户在使用阅读软件看书时,总是习惯单击屏幕中心观看操作菜单,如果某种阅读移动应用违背了这一习惯,那么该产品将会变得难以操作。习惯在实际生活中是很难被测量的,因此关于习惯的研究较少。我国学者李斌、马红宇认为习惯的测量主要是采用自我报告的方法,具体包括三种方法[63]:自我报告过去行为频率、自我报告习惯频率与自我报告习惯索引。第一种方法具体指习惯可以被认为是过去行为的不断重复,并最终产生自觉的行为,因此人们可以通过自我报告过去行为频率的方式来预测未来可能发生的行

[63] 李斌,马红宇.习惯研究的现状与展望[J].心理科学,2012(3):745-753.

为；第二种方法认为对于习惯的测量，人们应该直接报告习惯的频率，而不仅仅是行为的频率，这种方法在评定行为频率的同时可以判断行为是否通过习惯来驱动。第三种方法认为习惯可以通过被测试者报告习惯的操作化定义与特征来判断习惯的强度。本研究对习惯的测量采用第二种方法，即自我报告习惯频率，问卷问项采用李克特五点量表法进行设计。

（2）主观规范。

主观规范是指人们关于是否要坚持长期使用某款移动应用产品而感受到的社会压力。主观规范可以分为社会规范与个人规范两种。社会规范具体指人们使用某种移动应用而感受到的社会压力，包括社会制度压力、社会文化压力与社会意识压力等，如当用户通过移动应用进行一些与社会主流文化有冲突的行为时，用户会承受来自社会的压力，当然，移动终端属于个人隐私产品，所以往往这种社会压力并不重要。个人规范是本研究的重点，具体指用户在选择移动应用时会受到亲友、朋友等身边人的影响，用户往往会产生行为的社会群体趋同的倾向。问卷问项采用李克特五点量表法进行设计。

（3）感知应用质量。

移动应用质量的优劣直接影响用户对移动应用的态度，进而影响用户对软件的价值评价，同时决定用户对软件的忠诚度。软件质量有两种测量方法，第一种是从软件自身的角度出发，从可用性与可维护性角度进行测量。第二种是从用户的角度出发，主要研究软件的人机交互操作便利性、软件所提供的内容与服务质量。本研究对软件质量的评价与测量采用第二种方式。人机交互操作便利具体指软件在使用过程中关于软件界面的可识别性、手势动作的便利性、界面结构的合理性等内容。内容与服务质量具体指软件为用户所提供的内容或具体的服务，例如新闻类软件中软件企业每天定时为用户推送的最新新闻就是软件的内容，而软件企业免费为用户提供的网络硬盘与云服务就是特定的服务。问卷问项采用李克特五点量表法进行设计。

（4）沉浸体验。

沉浸体验指人们从事自己喜爱的工作时经常会废寝忘食，进入一种完全投入的状态，并且乐在其中，这时个人会不断地挖掘自己的潜力与创造力。有研究表明，人们处于沉浸体验时可以得到持久的幸福感并产生积极的情感、唤醒内部动机，这样有助于提高工作效率。关于沉浸体验的测量，学术界应用最多的是Jackson 和 Marsh 于 1996 年编制的沉浸体验量表，通过不同国家学者近些年的研究实践，证明了该量表在不同的文化背景下有着很好的适应性[64]。该量表分为 9 个分量表，共计 36 个题项。学者 Novak 等对该量表进行了精简，把量表归纳为前提、特征和经验的结果三个组群。前提包括明晰的目标、明确而及时的反馈、应对挑战的适当技巧。特征包括行为与意识融为一体、全神贯注、掌控的感觉。经验的结果包括自我意识的丧失、时间感的改变等。为了便于测量，最终量表被归为 13 个题项的沉浸体验量表（Flow Short Scale，FSS）[65]。本研究结合产品特点，对沉浸体验的测量采用 13 个问项量表中的几个问项，问卷问项采用李克特五点量表法进行设计。

（5）转换成本。

转换成本既可以是顾客更换产品或企业必须面对的直接财物损失，也可以是在转换过程中承担的非财务成本。对于移动应用而言，由于企业的盈利模式多数从直接收费转变为通过软件或后期服务间接收费，因此在本研究中，用户在转换过程中的直接财产损失（由于重复购买软件所造成的损失）可以忽略不计，移动用户的转换成本主要来自时间成本、学习成本与精力成本等。用户在决定是否要转换正在使用的软件时，精确地估计自己所要面临的转换成本几乎是不可能的，用户更倾向于通过模糊的感觉对转换的利弊进

---

[64] Jackson S A, Marsh H W. Development and validation of a scale to measure optimal experience: the flow state scale [J]. Journal of Sport and Exercise Psychology, 1996 (18): 17-35.

[65] Novak T P, Hoffman D L, Yung Y F. Measuring the customer experience in online environments: a structural modeling approach [J]. Marketing Science, 2000(19): 22-42.

行主观的判断。因此，了解用户对转换成本的主观感受可以判断用户对长期使用某种软件产品的意向。Burnham等（2003）认为转换成本可以被划分为三种类型八个维度。八个维度即转换成本的八个构成因素。他们根据这八个因素设计了测量产品转换的量表[66]。本研究采纳了Burnham等的成熟量表，即从经济风险成本、评估成本、学习成本、建置成本、利益损失、财物损失、个人关系损失与品牌关系损失八个方向对移动应用产品的转换成本进行测量，问卷问项采用李克特五点量表法进行设计。

（6）替代品吸引力。

替代品吸引力指与商家自身产品功能类似，在很多性质上具有相同特征的产品所具有的吸引顾客的品质。本研究所分析的替代品吸引力从内容质量、人机互动质量、品牌力、服务质量四个角度进行测量，问卷问项采用李克特五点量表法进行设计。

（7）平台服务属性。

平台服务属性的测量主要是针对平台型软件进行的，平台型软件由于其服务内容与用户对其的需求与工具型软件有本质的不同，因此在对软件进行用户测试前，要先判断软件是否属于平台型，这就要研究平台软件对于用户黏性所特有的影响因素，即沟通机制、产品品质、信用评价与安全保障。通过增加以上四个因素，可以对平台型移动应用黏性影响因素的研究变得更为精确。

2. 中介变量

本研究的中介变量包括总体满意与用户感知价值。

（1）总体满意（态度）。

用户在使用某种移动应用的过程中，会产生对该产品长期持有或继续使用行为的态度，积极的态度有利于用户黏性行为意向的形成。态度的直接测量方法包括自我陈述法、行为观察法与问卷法。自我陈述法一般采用态度量表进行测量，态度量表是测量态度最主要的方法，但运用的前提是用户愿意主动地表达自己的

[66] Burnham T A, Frels J K, Mahajan V. Consumer switching costs: a typology, antecedents, and consequences [J]. Journal of the Academy of Marketing Science, 2003(31): 109-126.

态度。学者李克特（1932）提出了关于态度的简化量表，李克特量表由一系列的陈述组成，利用五点或七点量表让被试者做出反应，这是一种被使用最为广泛的量表[67]。行为观察法是通过对用户行为的观察推断用户的态度。问卷法是要把询问的问题编成问卷。间接测量指投射技术、生理指标测试与反应时测量等。Ajzen 等（1986）认为，态度可以从有趣、有用、快乐、好坏、愉快五个维度进行测量[68]。本研究将从提高工作效率、延展社交关系、提高自身修养、带来刺激体验、打发无聊时间、有利于身体健康等几个方面进行测量。

（2）用户感知价值。

用户感知价值主要来自用户的感知过程，而感知过程主要受到移动应用的产品质量影响。用户感知价值的测量可以通过对产品的功能价值、社会价值与情感价值进行体现，在一种商品中往往会同时包含几种价值。

3. 因变量

移动应用用户黏性行为意向为本研究的因变量，具体指用户长期持有与使用某种移动应用的行为倾向。本研究从计划、打算未来继续使用该移动应用，预计会在未来使用该移动应用，在不久的将来会在该应用内部购物等方面对其测量，问卷问项采用李克特五点量表法进行设计。

---

[67] Likert R. A technique for the measurement of attitudes[J]. Archives of Psychology, 1932(1): 140.

[68] Ajzen I, Timko C. Correspondence between health attitudes and behavior [J]. Basic and Applied Social Psychology, 1986, 7(4): 259–276.

04

第四章
理论模型的设计实证

移动应用黏性与用户体验设计模式研究
Mobile Applications Stickiness and
the Design of User Experience Patterns

第一节　测量工具开发

一、开发过程

本研究采用问卷调研的方式采集数据，研究结果的准确性依赖于开发严谨的测量量表，研究通过对足够数量与可靠的问卷信息进行数据的检验与分析，验证移动应用用户黏性模型。问卷的开发过程如图 4-1 所示。

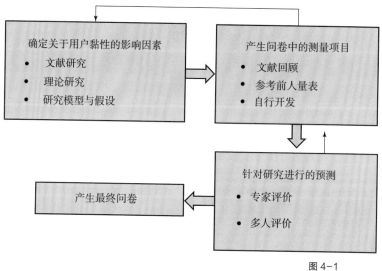

图 4-1
问卷的开发过程

第一步，确定关于用户黏性的影响因素。通过对前人的相关研究进行回顾与分析，借鉴学术界认可的、解释力强的理论模型结论，确定移动应用用户黏性的影响因素，构建适用于用户体验模式应用的理论模型。量表将理论模型中的概念有针对性地重新定义并具体化，用可以测量的具体问项进行表述。研究中包含的黏性影响因素：总体满意、主观规范、习惯、用户黏性行为意向、用户感知价值、感知应用质量、替代品吸引力、转换成本、沉浸体验和平台服务属性。

第二步，产生问卷中的测量题目。为了使量表的可靠性最大化，一方面，本研究借鉴相关领域的经典量表对模型中的变量进行验证，在此过程中，研究对于某些变量的量表表述根据本研究的背景进行了小幅的修改。另一方面，由于本书的研究对象——移动终端的移动应用黏性是一个新生事物，关于它的研究学术界并没有现成的模式可循，因此本研究针对的某些变量是根据前期对用户的访谈与实践经验，独立地开发题项。题项的开发遵从紧扣主题与忠于模型的原则，例如在针对用户感知价值的问项中，前人主要是从传统软件的角度设定题项的，因此在题项中并没有包含"随着软件的更新，该软件正在变得越来越好"这样的问项，因为快速更新的开发模式是移动应用产品的主要特征之一，是用户评价应用是否关注用户体验的衡量标准之一，而传统软件并不关注于用户的即时反馈，很少提供更新服务。

第三步，针对研究进行预测试与产生最终问卷。问卷的开发工作完成后，我们邀请相关专业的专家对问卷中的问项提出具体的修改意见，然后对10名在校本科生针对他们选择的移动应用进行预测试。首先，根据专家的意见对问卷中一般性的问题、含混不清的句子与没有明确界限的问题予以删除，以增加问卷的可读性与合理性。同时要减少专业词汇的运用，当遇到不能删减的词汇时，如"沉浸体验"，某些被测可能不了解的词汇的含义，问卷中应当给出注释。其次，使用数据分析软件针对预测试中的10份问卷进行信度测量，结果显示，信度系数均达到0.7以上，符合标准，可以形成最终问卷。

二、研究变量问项设置

1. 基于计划行为理论的变量问项设置

计划行为理论的相关研究变量为总体满意、主观规范、习惯、与用户黏性行为意向,研究的问项测量主要采用李克特五点量表法,选项由非常同意(5 分)到非常不同意(1 分)组成。问卷的语句大部分来源于文献综述,主要是涉及与研究问题相关的调研问卷中的语句。本部分研究变量的有关问项如表 4-1 所示。

表 4-1 基于计划行为理论变量的初始调查问卷

测量变量	问项
总体满意 (Overall Satisfaction)	我对使用该软件感到满意 我对使用该软件感到高兴 我对使用该软件感到满足 我对使用该软件感到快乐
主观规范 (Subjective Norm)	您的家人或极为重要的人认为您应该使用此软件 您的同事或同学认为您应该使用该软件 您的朋友认为您应该使用该软件 您认识的人认为您应该使用该软件
习惯 (Habit)	该软件是我经常使用的软件 该软件是我偏好的软件 当需要时,我会首先想到该软件 我经常从该软件中获取信息 使用该软件对我来说已经变成自动或无意识的了 使用该软件对我来说是自然的事情
用户黏性行为意向 (Behavioral Intention of Users' Stickiness)	我计划未来继续使用该软件 我打算未来继续使用该软件 我今后仍将使用该软件,而不是其他应用

2. 基于顾客价值理论的变量问项设置

顾客价值理论的相关研究变量为用户感知价值、感知质量、替代品吸引力，选项由非常同意（5分）到非常不同意（1分）组成。问卷的语句大部分来源于文献综述，主要是涉及与研究问题相关的调研问卷中的语句。本部分研究变量的有关问项如表4-2所示。

表4-2 基于顾客价值理论变量的初始调查问卷

测量变量	问项
用户感知价值（Perception of Value）	该软件具有高质量，很少崩溃 该软件可以完成我安排的任务 随着软件的更新，该软件正在变得越来越好 使用该软件可以改观别人对我的态度 使用该软件可以让我给别人留下很好的印象 使用该软件可以给我带来社会认同 使用该软件可以让生活更美丽 使用该软件让我很愉快 使用该软件可以增强我的信心 我由于喜欢软件中的内容信息而使用该软件 软件的内容可以提高我的个人素质与知识水平 我喜欢该软件代表的文化
感知质量（Perception of Quality）	该软件提供了必要且合理的功能，可以满足我的需求 该软件提供了足够的内容信息，可以满足我的需求 该软件的界面设计给我带来美的享受 使用该软件时，我不害怕自己操作错误 该软件的界面布局与信息内容很清晰，我可以找到想要的功能 该软件占用系统内存很少 该软件操作起来很方便 该软件是安全的，可以有效保护我的个人隐私与资金安全
替代品吸引力（Attraction of Alternatives）	与此软件类似的（竞争的）软件具有： 很好的形象 很好的声誉 很好的服务 很好的功能 很好的用户体验

3. 关于行为信念的变量设置

关于行为信念，研究从转换成本角度设置变量，选项由非常同意（5分）到非常不同意（1分）组成。本部分研究变量的有关问项如表4-3所示。

表4-3 关于行为信念变量的初始调查问卷

测量变量	问项
转换成本	我感觉更换该软是不必要的 我感觉更换软件后我得不到现在的服务 我感觉更换该软件是很麻烦的事 对我来说，从该软件转换到其他软件在时间、努力与学习的成本上是提高的

4. 关于用户体验的变量设置

关于用户体验，研究从沉浸体验的角度设置变量，选项由非常同意（5分）到非常不同意（1分）组成。本部分研究变量的有关问项如表4-4所示。

表4-4 关于用户体验变量的初始调查问卷

测量变量	问项
沉浸体验	我确信我已经体验到这种完全投入的痛快感 我觉得这种沉浸其中的快乐感是一种非常强烈的感受

5. 关于平台服务属性的变量设置

关于平台服务属性，研究以淘宝为例，设置关于该属性的相关问项，选项由非常同意（5分）到非常不同意（1分）组成。本部分研究变量的有关问项如表4-5所示。

表 4-5 关于平台服务属性变量的初始调查问卷

测量变量	问项
平台服务属性	该软件建立了良好的沟通机制 该软件所销售的产品具有优良的品质 该软件具有完善的信用评价体系 该软件具有切实的安全保障

6. 最终设置

在预调研中,平台服务属性变量的回收率很低,用户很难分清哪些应用具有这种属性,在问卷中用户没有进行相应的回答,该变量相关问项被删除掉。由于感知质量的题目 22、23、25、27 中的信度与效度达不到标准,因此该四个问题被删除。

为了避免调查对象之间相互干扰,本次专家调查采用德尔菲法,其目的是:首先,找出反映移动应用用户黏性行为意向各个维度的测量项目是否涵盖了概念的内涵;其次,考查问卷中的各个问项是否真正可以被移动用户所理解;再次,考查选取的移动应用用户黏性行为意向影响因素的测量指标是否全面、合理。本次专家调查的主要内容:一是询问专家对移动应用用户黏性行为意向的看法;二是询问专家对用户黏性影响因素的看法;三是询问专家对促进用户黏性形成的主要措施的看法;四是向专家详细地介绍研究的选题,并询问面向题目的调查问卷变量的设置思路与测量变量问题的合理性,同时让专家针对问卷中各问项的语气用词是否有歧义提出建议。根据专家的建议,同时根据回收的 10 份预调查问卷的反馈,对问卷问项进行修改,修改项目如表 4-6 所示。

表 4-6 调查问卷修改

序号	测量变量	原问项	专家意见	修改后的问项
1	总体满意	我对使用该软件感到满足、快乐	对于普通手机用户，"满足、快乐"与"满意、高兴"并没有明显的区分，因此无法正确地回答问题	直接删除满足与快乐问项
2	习惯	使用该软件对我来说是自然的事情	"自然的事情"这种描述是一种概括性的叙述方法，这与前面的"自动与无意识"意思类似，但前者更为具体	直接删除该项目
3	用户黏性行为意向	我打算未来继续使用该软件；我今后仍将使用该软件，而不是其他应用	"打算"与"计划"对于普通用户来说含义类似，因此无法区分；"而不是其他应用"这种描述指在一定的时期内用户只使用目标软件而不使用其他应用产品，这与现实不符，现实情况是用户经常同时使用多种产品，并不局限于一种	可以将打算与计划合并为一个问题
4	用户感知价值	使用该软件可以让我给别人留下很好的印象；使用该软件可以给我带来社会认同；使用该软件让我很愉快	"留下很好的印象"与"改观别人对我的态度"含义类似，不易区分；"社会认同"语句过于概括，用户不确定具体是什么方面的认同；"愉快"与后文中的"喜欢"含义类似，容易混淆	可以删除"留下很好的印象"问项，合并第二问项，删除第三问项
5	用户黏性行为	在过去的六个月中，我频繁地使用该软件	"在过去的六个月中"时间跨度过大，用户并不容易回忆自己，改为一周的时间跨度较合适	将半年改为一周

结合初始调查问卷与专家的建议，研究对最终的问卷进行了修改，形成了最终使用的调查问卷，见附录一。

第二节 数据收集

学者 Cooper（2003）从业务领域水平与计算机技能水平两个角度对软件用户进行分类，即初级用户、普通用户、高级用户。问卷的被试者由于拥有不同的业务水平与计算机水平，对于同样的移动应用会产生不同的选择意向，因此用户的类别在问卷中要有合理的体现。本研究的用户样本分类将借鉴 Cooper 的分类方法。初级用户具体指对移动终端的功能不熟悉，或刚开始接触移动应用的用户，在中国这部分用户以老年人居多。初级用户对于软件的逻辑简单与否反应强烈，他们并不需要过多的功能，但需要最主要的功能。普通用户是移动应用的最大使用群体，他们具有一些计算机知识，了解一些产品的业务或功能，他们把移动应用作为日常生活中必不可少的工具。高级用户特指那些拥有与软件业务相关的专业技能，如金融专业的用户就是理财类软件的高级用户。高级用户还包括计算机相关专业人群。高级用户会对软件产生更多的要求，如他们经常会对软件进行个人定制，或想通过软件完成复杂的任务与工作。本研究面向范围最广泛的普通用户，通过对 150 名在校大学生进行问卷调研，探寻移动应用用户体验黏性要素。关于用户评测的移动应用，本研究选择在中国使用频率相对较高的 12 个产品，并让用户自主选择，苹果官方软件商城的数据显示，研究选择的 12 款移动应用是当前中国手机与平板用户下载量最多的产品。它们分别是淘宝、微信、QQ、京东、优酷视频、爱奇艺视频、墨迹天气、美图秀秀、QQ 音乐、百度地图、大众点评与百度浏览器。

在使用结构方程模型验证理论的解释力时，对问卷样本的数量有一定的要求，如果样本数量少于 100 份，其验证的结果信度就大大降低。学者 Nunnally 建议样本的数量至少是变量的 10 倍，即如果模型中有 6 个变量，那么样本数至少为 60 个。考虑到本研究所建立的理论模型变量数量为 14 个，研究将样本数量定为 150 个。

第三节　数据分析

本研究根据研究的目的与模型检验的要求，主要的数据分析方法有：描述性统计分析重在分析受访者的学历、年龄、职业、每天使用某种移动应用的时间与频率等；研究中的信度与效度分析是通过量表的收敛效度与判别效度进行检验的。结构方程模型分析属于验证性实证研究的数据分析方法，能同时处理多组变量之间的关系，其目的是探究变量之间的因果关系并验证理论[69]。样本统计列表如表 4-7 所示。

表 4-7 样本统计列表

项目	类别	数目/个	百分比/%
性别	男	67	44.66
	女	83	55.33
年龄	18 岁以下	2	1.33
	18~25 岁	141	94
	26~40 岁	7	4.67
学历	本科	123	82
	研究生	27	18

[69] Igbaria M, Guimaraes T, Davis G B. Testing the determinants of microcomputer usage via a structural equation model [J]. Journal of Management Information Systems, 1995, 11(4): 87-114.

续表

项目	类别	数目/个	百分比/%
最常使用的移动应用	微信	92	61.33
	淘宝	17	11.33
	QQ	13	8.67
	百度地图	8	5.33
	爱奇艺	6	4
	优酷	5	3.33
	其他6个移动应用	9	6
使用选择应用的时间跨度	3个月以下	7	4.67
	3~6个月	9	6
	6~12个月	16	10.67
	12~24个月	58	38.67
	24个月以上	60	40
一天中使用该应用的时间	30分钟以下	33	22
	30~60分钟	49	32.67
	60~120分钟	28	18.67
	120~180分钟	26	17.33
	180分钟以上	14	9.33

一、描述性统计分析

（1）性别：在总样本中，女性比例略高于男性。他们都顺利地选择了自己经常使用的移动应用，这说明移动应用在被测大学生中的使用率非常高，移动应用已经成为他们生活中不可缺少的一部分。

（2）年龄与学历：在总体样本中，由于受到了高校样本特点的限制，因此样本以18~25岁的本科生用户为主。

（3）最常使用的移动应用：在被列出的12个移动应用选项中，选择微信的用户数量最多，达到了61.33%。经访谈，没有选择微信的用户多数手机中也安装了该应用，因此，微信应用的实际安装数量要远远高于61.33%。选择数目排在2、3位的分别为淘宝与QQ，分别占总人数的11.33%与8.67%，这说明社交类与购物类的移动应用在被测用户中最具黏性，微信与QQ是社交应用的典型代表，而淘宝是我国最大的购物网站，其产品内部也包含社交功能。

（4）使用选择应用的时间跨度：在总样本中，使用被选应用在12~24个月和24个月以上的用户明显占多数，其相加比例占总人数的78.67%，这说明用户一旦习惯使用某个移动应用，他们将会长期使用该产品。在这部分人群中，选择微信的用户时间跨度很多都不超过24个月。另外，他们中的一部分24个月前是微博的用户，现在转换产品使用了微信。淘宝用户使用应用的时间跨度几乎都超过了24个月，这说明淘宝的用户忠诚度与用户黏性都非常高，他们多数为女性用户。其他应用样本与用户的使用时间跨度没有明显的关系。

（5）一天中使用该应用的时间：在总样本中，用户对于应用的使用时间总体在不同的间隔内人数分布比较平均。值得一提的是，在被用户使用180分钟以上的移动应用中，淘宝与微信占据多数。这是因为微信要随时更新，深度用户在一天中的任何时候都要浏览，并且充分利用碎片时间，因此，用户使用微信的时间总和是一个较大的数值。而淘宝占用用户时间最多的是浏览商品，并不是购买商品，浏览淘宝商城过程可以被理解为一种休闲的行为。

二、量表的信度效度分析

信度分析是为了检验量表测量的一致性与稳定性，本研究采用SPSS 17.0对调查数据进行Cronbach α信度分析。探索性因素分析中，一般使用因素分析来对问卷质量进行分析。首先，看量表中的因素是否可以归属到预期的因素下，判断标准为题项在该因素下的载荷系数大于0.4/0.5[70]。信度分析结果如表4-8所示，本研究中所涉及变量的信度值都高于0.7的标准，这说明该

[70]Ford J K, MacCallum R C, Tait M. The application of factor analysis in psychology: a critical review and analysis [J]. Personal Psychology, 1986, 39(2): 291-314.

问卷的内部一致性符合规范。

表 4-8 信度分析结果

因素（变量）	评测题量	Cronbach's α
总体满意	2	0.829
主观规范	4	0.867
习惯	5	0.851
感知价值	9	0.847
感知质量	8	0.738
替代品吸引力	5	0.907
转换成本	4	0.819
沉浸体验	2	0.806

本研究利用 SPSS 17.0 对问卷效度进行分析，表 4-9 显示在问卷中模型变量代表的题项因素载荷值大于 0.6，这说明在收敛效度方面研究中的潜变量是符合标准的；关于变量的置信区间，各潜变量的相关系数总体在 0.95% 的范围内，并且都没有出现 1.0，这说明研究中列出的潜变量差别度是足够的。因此，研究中提出的潜变量是符合效度要求的。

表 4-9 变量的因素载荷分析

题项	因素							
	总体满意	主观规范	习惯	用户感知价值	感知质量	替代品吸引力	转换成本	沉浸体验
Q1	0.926							
Q2	0.926							
Q3	0.813							
Q4	0.888							
Q5	0.907							

续表

题项	因素							
	总体满意	主观规范	习惯	感知价值	用户感知质量	替代品吸引力	转换成本	沉浸体验
Q6		0.820						
Q7			0.812					
Q8			0.817					
Q9			0.786					
Q10			0.742					
Q11			0.816					
Q13				0.511				
Q14				0.578				
Q15				0.687				
Q16				0.603				
Q17				0.710				
Q18				0.765				
Q19				0.712				
Q20				0.710				
Q21				0.772				
Q24					0.746			
Q26					0.765			
Q28					0.774			
Q29					0.738			
Q30						0.874		
Q31						0.860		
Q32						0.857		
Q33						0.888		
Q34						0.795		
Q35							0.848	
Q36							0.869	
Q37							0.756	
Q38							0.747	
Q39								0.916
Q40								0.916

三、结构方程模型分析

结构方程模型用于分析变量之间的因果作用关系，它能够较好地体现解释变量对解释变量的影响程度。本研究采用 AMOS 17.0 软件对本研究涉及的变量间的关系进行分析，表 4-10 所示的是拟合结果，可以看出，该模型的拟合指标虽然未达到理想值，但是与理想值差距不大，仍在可接受的范围内。

表 4-10 本研究模型的拟合结果

项目	卡方值	df	卡方值/df	RMSEA	NFI	RFI	IFI	TLI
拟合结果	757.247	191	3.965	0.106	0.767	0.719	0.815	0.774
理想值	—	—	2~3	<0.08	>0.9	>0.9	>0.9	>0.9

图 4-2 所示的是本研究的模型图，对以上检验结果，我们可以从以下几方面进行概括和分析：

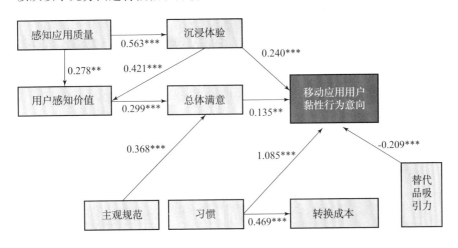

图 4-2
移动应用用户黏性模型作用关系

注：*** 为 $p<0.001$；** 为 $p<0.01$。

（1）感知应用质量和感知应用价值之间存在正向作用关系，路径系数为 0.278，显著性水平为 0.001，这说明如果移动应用具有高质量特征，那么用户对产品价值的感知将会更明显。

（2）感知应用质量和沉浸体验之间存在正向作用关系，路径系数为 0.563，显著性水平为 0.001，这说明产品如果移动应用具有高质量特征，那么用户会更倾向于进入沉浸体验。

（3）沉浸体验和用户感知价值之间存在正向作用关系，路径系数为 0.421，显著性水平为 0.001，这说明能够让用户进入沉静体验的产品更容易让用户感知价值。

（4）用户感知价值和总体满意之间存在正向作用关系，路径系数为 0.299，显著性水平为 0.001，这说明当用户能够感知到产品具有价值时，用户会形成对产品的正向态度。

（5）沉浸体验和黏性行为意向之间存在正向作用关系，路径系数为 0.240，显著性水平为 0.001，这说明具有沉浸体验特征的移动应用更容易获得用户的长期持有。

（6）总体满意和黏性行为意向之间存在正向作用关系，路径系数为 0.135，显著性水平为 0.001，这说明用户对产品的总体满意即态度决定了用户对产品的选择意向。

（7）主观规范和总体满意之间存在正向作用关系，路径系数为 0.368，显著性水平为 0.001，这说明用户周围人群直接影响了用户对于产品的满意度认知。

（8）习惯和黏性行为意向之间存在正向作用关系，路径系数为 1.085，显著性水平为 0.001，这说明用户对移动应用的固有习惯直接决定了用户对于产品的长期使用意向。

（9）习惯和转换成本之间存在正向作用关系，路径系数为 0.469，显著性水平为 0.001，这说明在用户形成使用某类产品的习惯后，他们会认为转换产品将给他们带来很大的不便。

（10）替代品吸引力和黏性行为意向之间存在负向作用关系，路径系数为 −0.209，显著性水平为 0.001，这说明当竞品越优秀或越成熟时，用户的黏性意向将会变低。

05

第五章
基于黏性影响因素
的用户体验设计模式

移动应用黏性与用户体验设计模式研究
Mobile Applications Stickiness and
the Design of User Experience Patterns

第一节 沉浸体验

沉浸体验的英文为"Flow",在我国也被翻译为"心流",是由心理学家 Csikszentmihalyi 于 20 世纪 70 年代提出的,他通过对登山运动员、国际象棋家、艺术家进行访谈,得出了近似相同的结论,即这些人在工作时都会自然地忘记周边事物,这种经历使他们愉快,以至于他们会积极地继续从事自己的工作。一些受访者用水流"Flow"来形容自己当时的感受,这种状态是一种全身心地专注于某项活动的忘我状态[71]。

[71]Csikszentmihalyi M, Bennett S. An exploratory model of play [J]. American Anthropologist, 1971, 73(1): 45–58.

一、沉浸体验的动态理论模型

沉浸体验是一个变化、发展的过程,沉浸体验要维持比较长的一段时间是比较困难的。一方面,个人从事的外部活动是不断发展的,活动的难度与复杂程度都将不断增加,为了使自己维持这种沉浸状态,人们要不断地发展自身的技能以面对挑战,这使自身的能力得到了不断的发展。另一方面,随着人的技能不断提高,他所从事的活动也一定要提高难度,提供更大的挑战,这样才能维持一种技能与挑战的平衡状态,否则,人们就会觉得索然无味。这种技能与挑战不断变换并形成一种平衡状态就构成了沉浸体验的动态理论。

1. 三通道模型

Csikszentmihalyi 于 1975 年构建了关于 Flow 的三通道模型,也

称为通道分割模型（Flow Channel Segmentation Models）。该理论的核心维度是挑战与技能，该理论认为：人们从事某种活动的过程中，只

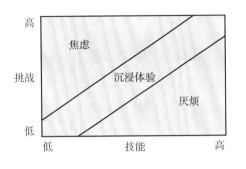

图 5-1
三通道模型

有挑战与技能相互平衡才会产生沉浸体验。当人们遇到的挑战大于自己的技能时，人们会感觉焦虑与不知所措；当人们所拥有的技能大于挑战时，人们又会觉得活动很无趣。此理论将技能与挑战的相互匹配作为沉浸体验产生的依据，因此，高技能与高挑战、低技能与低挑战都会产生沉浸体验（见图5-1）。

2. 四通道模型

四通道模型认为：人们从事的活动状态存在四种可能性，即当人们掌握的技能大于挑战时，人们会觉得厌烦；当人们从事的活动挑战大于个人的技能时，人们会感到焦虑；当人们的技能与面对的挑战都相对较低时，人们会产生冷漠的态度；只有当人们掌握了较高的技能，同时从事的活动又具有挑战性的时候，人们才会产生沉浸体验。四通道模型相比三通道模型对沉浸体验的产生条件要求更加细致、严谨。四通道模型是现今积极心理学中被广泛使用的模型之一，但此模型没有解答高挑战与高技能的具体程度，也没有对相关概念进行定义，同时缺少高技能与高挑战的平衡标准（见图5-2），因此，Massimini和Carli于1988年提出了更为复杂的八通道模型[72]。

[72] Massimini F, Carli M. The systematic assessment of flow in daily experience. [M]. Cambridge: Cambridge University Press, 1988.

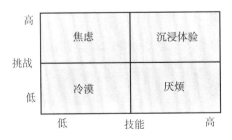

图 5-2
四通道模型

3. 八通道模型

八通道模型保留了技能与挑战作为评价活动结果的标准，此模型在四通道模型的基础上又增加了四个通道，即觉醒、控制、娱乐和担心。八通道模型认为：高挑战与一般技能会形成觉醒的感受；一般挑战与高技能会产生控制的感受；低挑战与高技能会产生厌倦的感受；低挑战与一般技能会产生娱乐的感受；低挑战与低技能会产生失去兴趣的感受；一般挑战与低技能会产生担心的感受；高挑战与低技能会产生焦虑的感受；只有在高挑战与高技能的情况下才会产生沉浸体验[73]（见图5-3）。

[73] Elliot A J, Dweck C S. Handbook of competence and motivation [M]. New York: Guilford Press, 2005.

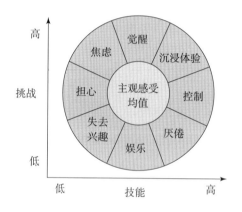

图5-3 八通道模型

二、沉浸体验的维度

Csikszentmihalyi提出了关于沉浸体验的九个维度特征，他认为个体在进入沉浸体验的状态下几乎都具备以下特征：

1. 挑战与技能的平衡

挑战与技能的平衡是沉浸体验形成的先决条件，根据沉浸体验的动态理论模型，任务的挑战与个人拥有的技能是一对相互变化的变量，二者对比的函数可以用于测量事件参与者的心理感受，根据八通道模型的论述，人们只有处于高挑战与高技能的状态下才会产生沉浸体验（见图 5-4）。

图 5-4
高挑战与高技能的平衡

2. 明确的反馈

为了使人们处于沉浸体验中，个人除了要清楚自己的目标任务外，还要及时得到行为与结果的反馈，用以评估自身在行动中的表现。反馈分为内部反馈与外部反馈（见图 5-5）。内部反馈指人们处于与事物进行交互的过程中自身的感官系统所接触到的关于外部世界的信息，这些信息来源于视觉、听觉、嗅觉、味觉

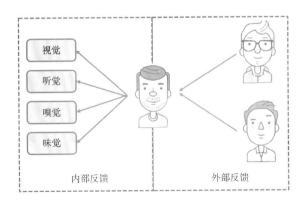

图 5-5
内部反馈与外部反馈

等方面。个人可以根据内部反馈直接对自己行为的正确与否进行评价，并进行相应的调整。外部反馈是一种间接的反馈，主要是来源于外部的人或事物对自身行为的评价，人们也会根据这些信息对自己的行为进行调整。

3. 明确的目标

个体从事某项活动时，一定要有明确的目标。对于目标的设定，难度把握十分重要，如果目标定得太难，那么个人会由于在活动的过程中发现自身能力不够而产生自卑与退缩心理；如果目标过于简单，那么人们会认为没有挑战不值得一试。因此，目标难度过高或过低都不能促成沉浸体验的形成。从个人的自利角度看，每个人的行为都是对自己的个人发展与生活有利的，对自己不利的行动人们一般不会去做。因此，这个目标一方面要满足人们的生理需求，另一方面要满足个人更高层次的精神需求。

4. 行动与意识的融合

行动与意识的融合指个人在从事某种活动时，意识会随着行动的展开而随之变化。处于沉浸体验的情境中，人们会把全部的精力投入手头的工作中，这时人们的思想意识与行为活动可以看作一个整体，典型特征是人们对自己从事的活动不再处于摸索阶段，此时人们的怀疑、思索等意识都很少。

5. 集中于当前任务

人类天生具有关注于某件事物的生理特征，当我们从事一项挑战性的任务时，除了受过特殊训练的人，几乎很少有人可以把精力投入两件或两件以上的事情中。原因在于人类祖先为求生存，在自然的环境下为了防止野兽突袭而遗传下来的一种关于注意的思维特征。当人们想从事某项活动并进入沉浸状态时，就必须把自身的精力投入当前的任务中。

6. 控制感

控制感是一种平衡的状态，它同样需要挑战与技能的平衡，如果这种平衡被打破将会产生悲观失望或无聊等情绪。拥有强烈控制感的人群在实施行为的过程中会较少地感知来自应激物的紧张。

7. 自我意识的丧失

Rollo 认为人的本质就是人具有自我意识，自我意识是人的独特标志[74]。从发生学的观点出发，自我意识能够使人像别人一样观察自己，能够使人审视过去、计划将来，并能够影响自身的发展。同时，自我意识是人们能够体验到自己是能思想、能感觉、能行动的统一个体。而自我意识的丧失是一种状态，在这种状态下人们会暂时地忘记自我，会把全部的注意力放在眼前从事的活动中。有时，人们在这种状态下还会暂时地认为自己在扮演某一个角色，并从事角色的行为。

[74] Rollo M. 自由与命运 [M]. 北京：中国人民大学出版社，2010.

8. 时间感的消失

时间感的消失指人们处于沉浸体验的活动中时，会感觉时间的流速发生了改变，有可能加快也有可能变慢。如人们在玩电脑游戏时会不自觉地进入游戏的设定场景，时间会悄悄地流逝，有时当人们再次从游戏世界走出时会发现一天已经过去了。运动员从起跑线出发前的几秒钟，自身的精力会高度集中，这时的时间流速仿佛减慢了。另外，当人们高速驾驶汽车时也会感觉时间的流速变慢。

9. 享受的体验

沉浸体验感受是一种享受的体验，是基于具体反馈的奖赏，这种体验使人们在活动过程中可以在缺乏其他的外在奖励的情况下使活动能够持续下去。这种人们对自身的奖赏属于内在奖赏，特征是活动自身可以促成人们持续地进行活动。

Novak 等（2003）将沉浸体验区分为三个群组（见图 5-6）：前提、

[75] Novak T P, Hoffman D L, Duhachek A. The influence of goal-directed and experiential activities on online flow experiences [J]. Journal of Consumer Psychology, 2003(3): 3–16.

特性和体验的结果。前提（Antecedent Conditions）指为了达到沉浸状态，人们从事的活动本身应该具备的因素，具体包括挑战与技能的平衡、明确的反馈与明确的目标。特性（Characteristics）指人们在沉浸体验过程中所感知到的特性，具体包括行动与意识的融合、集中当前任务与控制感。体验的结果（Consequence of Experience）指人们经历了沉浸体验后所产生的身体与心理的作用与影响[75]。

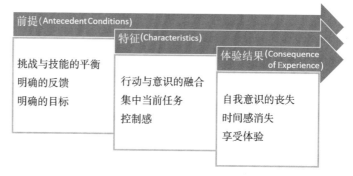

图 5-6
沉浸体验的三个群组

三、沉浸体验的影响因素

1. 人格特质

[76] Allport G W. The person in psychology: selected essays [M]. Boston: Beacon Press, 1968.

Allport 认为特质是人格的基础，人格特质是每个人以其生理为基础的一些持久不变的性格特征[76]。他将特质分为共性和个性（见图 5-7）。共性特质是在同一个社会与文化背景下，社会多数人所共有的特质。个性特质是指个体身上所独具的特质。个性特质又分为三大类：首要特质、重要特质、次要特质。其中，首要特质指个人显示个性特征最主要的特质，它在人格结构中处于支配地位，具有极大的影响力与渗透性，可以全面地影响个人的行为。但是这种首要特质并不是每个人都具有的，如果具有，那么这个人将是一个个性鲜明的个体。我们熟知的"雷锋"就是一个具有奉献精神首要特质的个体。值得注意的是，在社会中可以体现首要特质的情况与范例并不多见，人类作为社会群体的一部分，多数展现的是另外两种特质。重要特质是人格的构件，每个人由于具有不同的重要特质而拥有了独特的人格。每个人的重要特质并不是很多，一般为 5~10 种，例如有的人的重要特质包括整洁、勤奋、准时、诚恳和小气等。次要特质不是决定人格的特质，对个体影响相对较小。次要特质可以包括个人爱好（食物偏好、首饰偏好、电子偏好等）、个人看法与习惯等。对于个人而言，以上三种特质都会对活动中的沉浸体验产生影响。

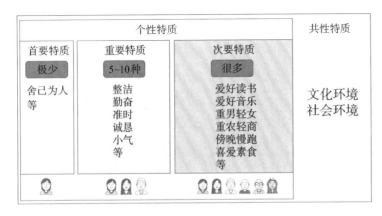

图 5-7
个性特质与共性特质

2. 认知风格

认知风格来自心理学领域，代表个人的最重要的特征[77]。认知风格又称认知方式、认知模式，指个体在认知过程中经常采用的习惯化方式，具体指在感知、记忆、思维和问题解决过程中个体偏爱的、习惯化的态度与方式[78]。从以上的定义可以看出，认知方式可以被理解为个人在认知过程中的习惯化的行为模式。当我们解释人们是否具有完成某种事件的能力时，经常会发现两个智力水平相当的个人面对同样的任务，完成的程度与优劣完全不同。一个冲动型认知风格的人由于容易马虎，容易导致任务的完成结果水平较低；一个独立性差的个体由于会经常受到来自外界环境的影响，而不能全心地投入一件事情中，导致任务完成结果不理想。因此了解个人的认知风格，有利于任务与个人行为风格的匹

[77] 李浩然, 刘海燕. 认知风格结构模型的发展[J]. 心理学动态, 2000(3):43-49.

[78] 沃建中, 闻莉, 周少贤. 认知风格理论研究的进展[J]. 心理与行为研究, 2004, 2(4):597-602.

配，这将对探索基于用户认知风格的用户体验模式提供帮助。认知风格可以分为场独立型和场依存型、沉思型和冲动型、整体型和分析型、言语型和形象型（见图 5-8）。

图 5-8 认知风格分类

场独立型和场依存型指人的认知风格差异表现在对外部环境的不同依赖程度上。场独立性强的人在信息加工的过程中对内在参照有较大的自信，他们在完成任务时，可以依靠自己的力量投入活动中。在活动的过程中，他们可以在行动中找到自我鼓励或乐趣，因此较少受到外部的干扰。场依存性强的个体对外在的参照有较大的依赖倾向，他们处理问题会较多地依赖环境，因此他们进行任务的过程中更倾向于接受别人的鼓励与影响。

沉思型和冲动型指人的认知风格在不确定的条件下个体做出决定在速度上的差异。冲动型的人可以简洁而迅速地做出选择，而沉思型的人在做出选择前要深思熟虑。沉思型的人在需要细节的活动中会做得更好，而在要求整体的活动中，两种类型的人都可以做得很好。与冲动型的人相比，沉思型的人更倾向于场独立。

整体型认知风格的人倾向于领会情境的整体，重视情境的全部，对部分之间的区分是模糊的。分析型的人认为情境是部分的集合，他们倾向于注意事物的某处细节，但可能曲解或夸大部分。整体型的人的优势是可以形成对事物整体均衡的看法，不足是信息的逻辑归纳可能会出现困难。分析型的人善于发现事物的相似性与差异性，可以直指问题的核心，但往往由于注意细节而忽视了全局。

言语型和形象型指人可以利用视觉表象和言语两种思考与表达方式，但一些人会表现出善于使用一种的倾向。倾向于以视觉表象思维的人被称为形象型认知风格的人。善于利用词句的形式思考的人被称为言语型认知风格的人。研究证明言语型的人在从事言语方面的活动时具有优势,形象型的人在从事具体的、描述性的活动时更为擅长。从内向与外向性格的角度分析,形象型的人往往内向,言语型的人倾向外向。由于人们具有这两种不同的认知方式,因此在相关的软件产品设计中可以针对这两种人的认知风格进行适配。

3. 情境因素

Belk(1975)把情境因素定义为在某一特定的时间和地点存在着对当前行为人产生影响的因素,这些因素会对行为人的生理与心理产生外在的刺激。他把情境因素划分为五类(见图5-9):一是物质环境,指对行为者产生影响的有形环境。以用户在地铁中使用手机这一特定情境为例,物质环境包括地铁中的灯光、报站的声音、乘客的数量等影响用户使用手机的直接因素。二是社会环境,指对行为者施加影响的社会中的其他人。如用户在地铁环境中使用手机移动应用,有时就会受到乞讨者干扰而做出假扮打电话的姿势以避开乞讨者,这时用户原有的应用使用行为就被迫中断了。三是时间因素,指影响行为发生的时间因素。如地铁中的用户在使用应用时发现自己还有两分钟就将到站,那么用户会将一部分精力放在下车的准备活动中,此时的用户将很难进入一种沉浸状态。四是任务类型,指活动类型对行为者会产生重要的影响。如在地铁中,玩游戏的用户将会比浏览网页的用户更容易进入沉浸状态。五是先前状态,指行为者带入行为活动中的暂

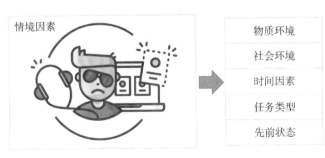

图5-9
情境因素直接影响用户进入沉浸状态

时性情绪与状态。这种状态可能从侧面影响行为者的行为，如欢快的情绪可以增进用户产生对产品的积极评价，悲伤情绪可能使用户直接放弃应用，而无论产品是否优秀。情境是由一些暂时性的事件和状态构成的，既不是人们从事任务的一部分，也不是行为人的特征。然而，在用户体验应用产品的过程中，它却对用户如何评价应用质量、是否会持续地使用应用产生重要的影响。

4. 内在动机

近年来很多研究者展开了针对内在动机与沉浸体验的关系研究，如 Jackson 和 Roberts（1992）认为，人们正是在内在动机的刺激下从事各种活动的，内在动机使人们在工作中产生了能动性并感到兴奋与愉悦，内在动机与沉浸体验具有显著的关系[79]。Kowal 和 Fortier（2000）认为，内在动机对沉浸体验可以产生直接的影响，而沉浸体验状态又会对内在动机产生肯定的影响[80]。内在动机（Intrinsic Motivation）是一种不能用传统的内驱力和强化作用解释的先天性动机。Deci 和 Ryan 认为内在动机是一种要求自己在困难挑战面前感到有能力，并能做出决定的先天性需求，这种需求发生在人们的多种行为中，包括科学探索活动、学习或游戏活动，它可以激起人们克服困难的信心，但这种困难对个人而言一定是在可控范围之内的[81]。在个人从事活动的过程中，内在动机指向了活动本身，活动自身可以给人们提供满足感，人们可以完全投入其中。内在动机提供了一种促进人们行为的自然力量，这是人们可以在没有外部奖励的情况下从事行为的内部驱动力。例如，我们在阅读一本自己喜爱的书时，可以全心地投入，并不需要外在的奖励。

相关的研究表明，内在动机是好奇心、探索活动产生的根本驱动力。它不仅可以促进机械式的学习，还有助于概念性的学习。内部动机减弱的因素包括来自外部的奖赏、活动中严格的监督、固定的任务完成时间和及时提供行动错误的负面信息等。研究表

[79] Jackson S A, Roberts G C. Positive performance states of athletes: toward a conceptual understanding of peak performance [J]. The Sport Psychologist, 1992(6): 156-171.

[80] Kowal J, Fortier M S. Testing relationships from the hierarchical model of intrinsic and extrinsic motivation using flow as a motivational consequence [J]. Research Quarterly For Exercise and Sport, 2000, 71(2): 171-181.

[81] Deci E L, Ryan R M. Intrinsic motivation and self-determination in human behavior [M]. New York: Plenum Publishing Corporation, 1985.

明，个人年龄因素对内在动机具有显著的影响（见图5-10），一方面，低年级的学生为了发展自己的能力而对很多的事物与行为产生兴趣，但这种由内在动机引发的兴趣会随着年龄的增加而减弱，年龄较大的人群更倾向于寻找可以为自己带来外在鼓励的任务，这种外在鼓励降低了内在动机。另一方面，人们在年龄变大的过程中，对任务的渴望程度会随之减弱，这是因为各种客观评价机制减弱了人们的内在动机，使人们很难真正自发地热爱某种活动。内在动机理论认为人类天生具有发展自己的能力，即人类具有给予某些任务以自我激发的自然倾向。因此人类天生具有以下的能力：寻找机会来发展自己的能力，以胜任某种任务；人们可以按照自己的意愿来从事活动；人们更倾向于或更胜任于从事自己感兴趣的活动。

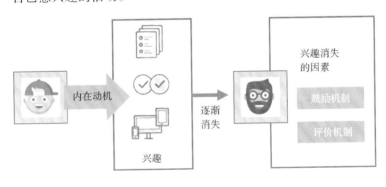

图5-10
年龄因素对内在动机具有显著的影响

内部动机的主要影响因素包括：需求、兴趣与情感因素；工作任务特征因素；自我效能感因素；个体成就目标设置因素；组织支持因素；外在激励因素。需求、兴趣与情感因素指内部动机是与人们的某些精神需求相关联的。这些精神需求涵盖了好奇心、对活动的兴趣、愉悦感受、成就感、自我实现等需求。如要实现自我实现这种需求就需要最大、最持久的内在动机。人们为实现此目标会不断地挖掘自身的潜能，在这个过程中人们完全是为了自身的理想投入任务中，而不是通过活动得到外部的某种奖励。Deci等认为能够促成内在动机的基本生理需求包括：自主需求、能力需求和归属需求[82]。具体可以被理解为个人在社会中的各种活动获得报酬、正面的反馈、交流、免于贬低性的评价等都会促成自我成就感的形成；在个人完成任务的过程中，如果面对威胁、最终限期、指令等强制性的任务，个人的自主性将会受到挑战，这样就会降低内在动机的形成；具有归属感与安全感的环境也有利于内在动机的形成。同时，个人的兴趣成分也很重要，如果一个人愿意主动积极地完成一个任务，那么此时他的内在水平就比较高。内在动机的工作任务特征主要指那些具有挑战性、创造性的而不是机械、一成不变的工作任务更加能够激发个人的内在动机。

Hackman 和 Oldham 认为技能的多样性、工作的完整性、重要性、自主性与回馈性五种工作特性可以促进内在动机[83]。分析用户使用应用进行办公这一行为：

一是用户必须掌握更多的技能才能真正地了解应用产品，并能顺利地使用应用。由于办公自动化的普及，用户操作应用不但要掌握一定的计算机知识，还要具备相关的业务知识，如金融行业知识。用户只有将两部分知识融会贯通才能顺利地使用目标应用产品，这是用户对应用产生兴趣并可以全身心投入的基础。

二是用户的工作要具有完整性的特征，如果用户的工作内容只是某个任务中的一环，每天接受的任务相似，那么应用的用户就不太可能对工作或所使用的工具产生热情。如果对事物的参与只限于局部，那么人们往往不会真正地意识到自己工作的价值。只有把握事物的全貌，并了解事物产生与发展的规律，用户才可能产生颠覆性的创新。

三是用户应该认为自己从事的工作是重要的，对工作重要性的认知可以为人们带来内在与外在的激励。内在激励来自用户自身，当用户认为自己的工作足以影响或决定整个公司的经营状况时，用户就会产生足够的自豪感，这会激励用户认真地完成当前的任务。外在的激励来自用户周边的人，如果别人认为自己的工

---

[82] Deci E L, Connell J P, Ryan R M. Self-determination in a work organization[J]. Journal of Applied Psychology, 1989, 74(4): 580-590.

[83] Hackman J R, Oldham G R. Motivation through the design of work [J]. Organizational Behavioral and Human Performance, 1976, 16(2): 250-279.

作很重要，那么自身会得到额外的物质或精神奖励，这时用户也会产生内在动机倾向。

四是自主性是指用户在企业内部的自由选择性，如果一个人的自主性较高，那么他所遇到的束缚与阻力将会较低。实现员工自主性的典型例子如谷歌公司，该企业在内部实行关于新产品的创新团队创业制度。企业员工如果有一个好的创业构想，那么个人就可以组织公司内部的资源，包括人力、技术与资金资源实现公司内部的个人创业计划。这是一个充分地对个人肯定的组织机制，该机制激发了个人的自主性与创造性。

五是行为的回馈性是促成任务中个人内在动机形成的基本保证，如果个人执行某种动作而看不到回馈，那么动作将不可能长久。没有回馈，用户就不能根据外界的反应来调节自身的行为，就不能使自己的技能发展，因此也就无法激发内在动机，更不能形成沉浸体验。促进与降低内在动机的因素（见图5-11）。

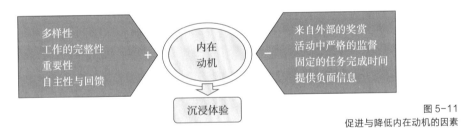

图5-11
促进与降低内在动机的因素

四、基于沉浸体验结构化特征的移动应用用户体验设计模式总结

1. 沉浸体验的结构化特征

Csikszentmihalyi将沉浸体验按照体验结构划分为微观沉浸体验与宏观沉浸体验（见图5-12）。微观沉浸体验指那些持续时间相对较短的、浅层次的沉浸体验，这种体验在人们的日常生活中会经常自然地经历。微观沉浸体验的产生往往伴随着非结构化

的任务与活动，例如人们看电视时会使身心得到放松，这时人们会进入一种比较轻度的沉浸体验。在这种状态下人们时刻可能受到外界事物的干扰，并可能在看电视的同时从事其他的活动，如看手机。因此，看电视这种活动属于微观的非结构化的沉浸体验。人们的日常活动，如阅读、品茶、看网络视频等都属于微观沉浸体验。宏观沉浸体验是一种高水平、更复杂的体验，它需要个人使用更多的自身潜能去应对挑战，这种沉浸体验为个人的技能发展和个体的成长提供了条件与机会。宏观沉浸体验一般与结构化的活动相联系，结构化的活动指活动本身要遵循一定的规则，活动中要集中全部的注意力，利用自己不断提高的技能完成任务，如竞技类电脑游戏、篮球运动、求解数学问题等，这种体验的特征是要有一定的复杂性与难度，这样才能激发个人的创造性与兴趣。在结构化活动进行的过程中，外在环境对活动的影响相较于非结构化的活动将大大降低。

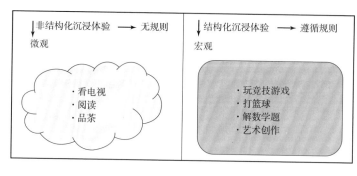

图 5-12
沉浸体验的结构化特征

2. 面向微观沉浸体验的移动应用用户体验设计模式

（1）挑战与技能的平衡是获得微观沉浸体验的基础。

在应用开发的过程中，要注意应用的难度与个人技能的平衡，这种平衡可以表现为低挑战与低技能、中挑战与中技能的配合。以典型的微观的沉浸体验活动阅读为例，只有当个人的知识结构与图书的内容难度成正比时，阅读才能调动读者的兴趣。小学生的知识技能不高，但只要为其提供相对简单但有趣的图书内容，他们同样会进入阅读的沉浸状态。

（2）与场独立型、场依存型认知风格理论相关的设计模式。

根据场独立型与场依存型理论，移动应用设计要考虑人们的场属类型。场独立型的人倾向于独立完成任务，并找到乐趣，不希望被过多打扰。因此在应用设计中要考虑到他们的认知特点，设定具有自学或独立完成的任务模式，在这种模式下该类型用户容易投入其中，并享受到乐趣。场依存型的人倾向于依赖环境与外力的帮助，因此，面向这部分人群还要在产品中增加一些询问、帮助的互动模式，在寻找到可依靠的环境时，该类型用户才可能安心地投入工作中，而不会对自己的行为产生怀疑。值得注意的是，本书并不是要为不同认知风格的人设计不同的差异化产品，而是要在一个应用中同时满足这两种认知风格的人的不同需要。如在一个学习应用中，可以设定自学与帮助学习两种模式来满足这两种类型用户。

（3）与沉思型和冲动型认知风格理论相关的设计模式。

在用户信息获取的过程中，针对沉思型和冲动型用户的认知风格可以设计不同的信息展现模式。沉思型的用户在信息选择时倾向于深思熟虑后采取行动，为配合这种思考特征，应用中应该提供对选项的详细功能介绍，沉思型用户会根据提供的详细信息进行行动规划。另外，应用中如果只提供简洁的功能而没有相关介绍，那么这部分人群将会不知所措或放弃对信息的选择。冲动型的用户可以简洁而迅速地做出选择，如果应用信息不够简练、内容介绍过于详细，那么这部分用户将会失去耐心，从而放弃选择。因此，面对这两种认知风格的用户，应用应该提供两种界面呈现模式：简单模式与详细信息模式。当用户登录时，可以呈现简单模式，这将降低用户的信息接收压力；当用户想了解模块的具体功能时，可以调用下拉菜单或隐藏的详细信息界面。

（4）与整体型和分析型认知风格理论相关的设计模式。

整体型认知风格的用户倾向于领会情境的整体，会从全局入手解决问题。整体型用户会把应用分为几个大的功能模块，每个功能模块会在整个任务中起到作用。同时，他们会将目标功能放到特定的情境中，通过情境把散乱复杂的功能整合起来，这样会有利于任务的完成。分析型用户认为任务或情境是具体功能所形成的集合，他们倾向于关注细节的把握。他们同样会顺利地完成任务，但其工作方式是先研究单一的、局部的功能，通过这些功能之间的对比与联系向任务的总体进行汇聚，最终可以顺利完成任务。针对这两部分人群，应用设计中的具体模式是：开发两种信息搜寻模式与界面进入模式。针对整体性的用户，可以把信息按照一定的规律，从总体到局部进行分类，这样可以满足他们的需要。针对分析型的用户，可以把主要的、高频率的信息优先展示，这样有助于他们进行探索。

（5）与言语型和形象型认知风格理论相关的设计模式。

言语型和形象型用户的思考与表达方式的区别在于一种倾向于言语，另一种倾向于视觉表象。在应用的数据表达中，面向上述两类用户，可以采用图形与列表两种方式切换的数据表达方式。图形可以是饼状图、柱状图、雷达图为代表的传统图表，也可以是综合性质的信息图形。列表可以采用不同的分类方式作为切换按钮的选择性列表模式。值得注意的是，如果应用中只用图标图形作为功能按钮，那么人们会对图标有所抵触，因为他们不能完全地确认该图形的含义。同时，应用也不能完全用文字作为界面的表述，完全的文字界面会很快让用户产生厌烦感，除非是军事、医疗等领域的专业型应用。因此，应用在内容的表达方式上，推荐采用图片与文字共同呈现的形式。

（6）在情境因素中，物质环境对微观沉浸体验影响显著，而对宏观沉浸体验影响有限。

具有微观沉浸体验特质的移动应用产品在设计时要考虑物质环境对产品用户体验的影响，因为在轻沉浸的状态下，如阅读电子书、看网络视频、戴耳机听音乐等使用情境都需要符合产品特点的特殊情境支撑，如果情境转换或消失，那么产品的存在价值就容易受到挑战。如阅读小说行为一般会出现在睡觉前的台灯下，而戴耳机听音乐行为一般会出现在人多的地铁中或公交车中；相反，在十分拥挤的公交车中看小说将会十分吃力，因为车会晃动，且嘈杂的环境不利于用户进入故事情节。因此，应用要根据不同的环境进行调节，如看书应用可以拥有夜读模式，这是为了避免开台灯打扰其他人入睡。

（7）在情境因素中，社会环境对微观沉浸体验有一定的影响，而对宏观沉浸体验影响有限。

社会环境主要指移动应用用户周边的人对其使用产品的影响，应用用户周边的朋友对其使用产品起到推荐作用，在实际的操作中可以为产品建立朋友圈子或者社交功能。例如某种移动应用的主要功能是销售网球类体育产品，如果能通过应用内部的朋友圈子功能使陌生的体育爱好者找到球友，能够促进附近的相同爱好的人聚到一起，那么这个应用就极可能受到用户的推荐，从而可以长期被用户使用。

（8）在情境因素中，时间因素对微观沉浸体验影响显著，而对宏观沉浸体验影响有限。

时间因素是指用户使用移动应用的时间段，如果产品想拥有沉浸体验，那么用户使用产品的时间就要有一定的连续性。如果某种产品的功能是暂时性的查阅，如天气应用，那么用户可能会一天查阅一两次，并不会停留太多的时间，因此不可能产生沉浸体验。在某些应用的设计中，时间因素可以成为设计应用的逻辑架构，如英语学习应用就可以采用时间作为功能的划分依据。在一般情况下，清晨人们头脑清醒，应用可以设计背诵与朗读功能；下午人们倾向于深入的思考，应用可以设计阅读理解功能；晚上人们比较疲劳，应用可以设置复习昨天的知识功能。由此可见，时间因素可以直接影响微观沉浸体验。

（9）在情境因素中，任务类型对微观沉浸体验影响显著。

产生微观沉浸体验的任务类型可以有很多种，如学习某种技能、完成工作任务、浅层次阅读与深层次阅读、听音乐或看小说、与朋友在线聊天等行为，这些行为的共性是需要用户融入某种情境中，这种情景可以没有竞争机制，如果有就会形成宏观沉浸体验。在这种情境中，用户会暂时地忘记自己身处的现实环境，而融入自己意识创造的虚拟环境中。当用户看小说时会进入故事情境，工作时会进入深层次的计算或规划情景，听音乐会进入缥缈的音乐世界，在线聊天形成的谈话氛围同样是一种意识中的环境。面向微观沉浸体验的设计模式如表 5-1 所示。

表 5-1 面向微观沉浸体验的设计模式

模式	图例	叙述
挑战（低、中）与技能（低、中）的平衡	 	图 a 面向低龄儿童，是低挑战与低技能的平衡。图 b 面向中技能的普通用户，游戏本身挑战性中等，也能实现一种平衡
同时满足场独立型、场依存型认知风格		图 a 与图 b 展示的是独立学习模块，这对应的是场独立型认知风格；图 c 与图 d 展示的是社交与激励模块，这部分面向的是场依存型认知风格

续表

模式	图例	叙述
同时满足沉思型和冲动型认知风格		图 a 是对产品参数进行比较，进而判断是否购买，可以满足沉思型用户对信息掌握全面性的需求；图 b 是对产品进行特色推广，这种简洁的界面适应冲动型认知用户
同时满足整体型和分析型认知风格		Windows 10 提供两种设置界面，功能相同。但不同的是，图 a 满足的是整体型认知，图 b 满足的是分析型认知
同时满足言语型和形象型认知风格	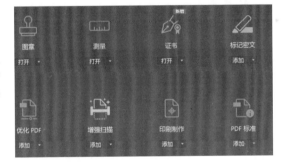	图标与文字配合使用可以同时满足言语型与形象型认知风格人群。试想，如果我们在设计时去掉图片，只使用文字，那么界面会令人感到乏味；如果去掉文字，只使用图片，那么界面会使人感到困惑，不知按钮的功能含义
物质环境的影响		图 a 与图 b 是 Kindle 阅读软件在夜晚与白天模式的切换效果。这种设计模式适应了物质环境变化的影响

续表

模式	图例	叙述
社会环境的影响		人们能否持续地使用软件或坚持运动受他人的影响，在运动效果受到朋友的鼓励后，人们更倾向于继续使用产品。图a、图b、图c是不同的运动类手机应用，都使用了社交功能
时间因素的影响		图a、图b、图c分别是计算器、日历与天气应用，这些应用都不能为用户提供一天内长时间的使用需求，这些应用为用户提供的是片段式使用需求，因此无法形成沉浸体验
任务类型的影响		图中a、图b、图c提供的任务类型分别是阅读、听音乐、听有声书，这些任务可以为用户提供相应的沉浸体验，用户会沉浸在软件提供的内容之中

3. 面向宏观沉浸体验的移动应用用户体验设计模式

（1）高挑战与高技能是获得宏观沉浸体验的基础。

应用产品要想让用户进入一种忘我的、完全投入的状态，必须做到应用产品所提供的任务是足够用户探索的，这种产品的可探索特征来源于高挑战与高技能的结合。例如，移动角色扮演游戏中一款很有名的产品"怪物猎人"，该游戏并不像很多角色扮演类游戏那样，随着主角的状态升级而使游戏维持在统一的难度中，从而实现一种平衡。该游戏真正地通过训练培养玩家的操作技能、反应速度而使游戏的难度维持在一个平衡状态，这是一种典型的高挑战与高技能完美结合的案例。因此，这款游戏对用户的黏附力非常高，用户往往沉浸其中，认为自己就是一个真正的猎人。

（2）根据人格特质理论的描述，个性特质中的首要特质、重要特质与次要特质都会对个人的沉浸体验产生影响。

一方面，运用这一理论，我们在设计中可以针对产品的用户开发不同的人格特质模型定位。这种模型类似于用户研究中的目标用户描述，但不同的是此模型是从人格的角度切入的。我们可以得到如下的用户特质描述：该产品的用户具有奉献精神，同时在生活中作风硬朗、准时、为人诚恳，但他也有一些小的爱好，即收集邮票与养鱼。这种具体的特质描述正是对应了首要、重要与次要三种不同的特质，这样做的好处是可以对产品目标用户的需求更加个性化。另一方面，在网络游戏中我们可以设定这样的角色：乐于帮助其他人，自我恢复能力很强，但喜欢收集宝物。当真实世界中的用户觉得自己的人格与这个角色相符时，它就会选择这个角色进行扮演，进而可以实现产品的沉浸体验。

(3) 明确的反馈是产生结构化宏观沉浸体验的必要条件。

在一些情况下，反馈的形式可以直接决定用户是否可以进入沉浸体验状态以及用户从事活动的享受水平。在高技能、高挑战的活动中，活动的反馈是活动任务可以进行下去的先决条件，如手机用户通过网络与网友下棋是一种典型的宏观沉浸体验活动，用户只有得到网友的反馈（下棋挑战）才能使自己的行为进行下去。但在一些具有强互动性的活动中，输入与反馈本身可以变成技能与挑战，这时反馈就成了形成沉浸体验的关键。如微软开发了游戏配件Kinnet，它是可以转动的摄像头，当用户站在屏幕前进行各种肢体动作时（输入），Kinnet可以记录用户的动作，此时屏幕中的虚拟用户就会完成用户的肢体动作（反馈），用户可以根据虚拟的形象看到自己动作的准确性，然后予以调整。因此在这个活动中，输入与反馈的交互作用就是沉浸体验的形成原因。

（4）明确的目标是产生结构化宏观沉浸体验的必要条件。

目标是一个人进行活动与行为的基本动力，当一个人接到任务时，那么完成这个任务就是个人的阶段目标，没有明确的目标就不可能有结构化的活动。为了使人可以持续地进行活动，无论是在现实生活中的个人还是游戏中的虚拟人物都必须有明确的目标。正是这种带有驱动力的目标指引人们向更高的阶段迈进，也正是这种目标使游戏中的人物可以不断地根据情节探索未知的游戏世界。在应用设计中，目标驱动机制是非常奏效的，它可以使用户长期使用某种产品。如在减肥瘦身应用中的目标设定与实现过程就是用户真正改变自身的过程，在此过程中，用户可能会使用应用辅助跳舞、做瑜伽甚至交友登山等活动。

（5）在情境因素中，任务类型对宏观沉浸体验影响显著。

一般竞技类游戏使人们产生沉浸体验的方法是让用户完成一个接一个的任务，任务的难度会随着用户掌握的技能的提高而不断地加强，这种模式的尽头是用户掌握了所有的技能，并且游戏无法提供新挑战的时刻。创造性工作的辅助应用工作模式是为用户提供一个工作平台，基于这个平台用户可以完成自己所计划的任务，这个任务必须是具有创造性的，如计算一道数学难题、在屏幕内进行艺术创造、进行复杂的逻辑推理等，这些工作的完成会给用户带来很强的自我满足感，他们会继续自己的工作，以攀登另一个高峰。因此，如果一个移动应用要让用户产生沉浸感，就必须从应用的任务类型进行考虑。

（6）在情境因素中，先前状态对宏观沉浸体验有一定的影响。

先前状态具体指个人在使用应用前由于受到前一个行为的影响而产生的积极或消极的心理状态。在宏观沉浸体验形成的过程中，先前状态可以影响当前任务是否可以进入沉浸体验状态。以角色扮演类游戏为例，如果用户的先前状态处于高度紧张的状态，那么用户的下一个任务就要设置成用户在比较缓和与轻松的状态下完成，这样用户可以使自己的情绪放松下来，为下一次的紧张游戏活动做好准备。如果用户接受的是连续紧张任务，那么用户会因为过度的刺激与疲劳而产生厌倦感，从而放弃游戏产品。因此只有充分地考虑用户的先前状态，游戏产品才会产生持续的黏性。

（7）根据内在动机理论，如果个人在完成任务的过程中，过多地接受严格的监督、时间限制或执行错误等负面信息，那么这个任务将很难带来沉浸体验。

在移动应用的设计中，具体可以解释为应用要想使用户沉浸其中，就必须在任务的设置上留给用户充分发挥的空间，如果某个功能只能按照应用事先设定好的程序进行操作，那么用户将感到自己受到了控制，从而对应用失去兴趣。以一款画图应用为例，应用要提供多种画笔与画布以适合绘制不同风格的作品，同时要针对不同的绘图风格进行功能适应，如有的人喜欢徒手绘画，而有的人善于使用路径进行绘画。另外，在应用中要尽量地避免过度的时间限制与错误信息提示等负面的信息。

（8）根据内在动机理论，低年龄段用户更倾向于产生好奇心，更愿意从事以内在动机为驱动力的探索活动。

如果移动应用定位于低年龄段用户，那么应用可以倾向于选择具有探索、冒险等情节的内容。外在的奖励如金钱等并不适合他们，他们会在应用的情节中得到最大的满足。

（9）根据内在动机理论，用户技能的多样性可以促进内在动机，从而产生沉浸体验。

用户技能的多样性指用户在完成任务的过程中，针对特定的任务所拥有的技能应该是全面的。因为内在动机强调用户可以自发地产生沉浸体验，所以这就要求任务具有挑战性，只有具有难度用户才会想办法攻克难题，但条件是掌握全面、多样性的技能才能面对挑战。如一款为中学生设计的数学解题应用，开发人员要了解用户（中学生）的知识结构，这样才能保证用户持续地使用目标产品。只有当学生的代数、几何课程都很优秀时才会沉浸于一些较难的题目，学生才可能产生内在动机，因此应用设计时要考虑用户的技能因素。

（10）根据内在动机理论，用户工作的完整性可以促进内在动机，从而产生沉浸体验。

用户工作的完整性具体指当用户从事某个任务时，用户要亲力亲为地完成任务中的每个步骤，因为只有当自己独立完成任务时，用户才会认为自己掌握了某项技能，并认为自己的工作是有价值的，用户的这种价值感是产生内在动机的根本驱动力之一。为了帮助用户实现这种价值，应用设计要考虑如何帮助用户轻松、顺利地完成自己设定的目标。在具体的实施过程中，用户完成某个复杂的任务，一种应用往往很难做到，这就需要应用企业从用户的工作流程分析开始，为自己的应用产品进行有步骤分解，从而使产品形成互为补充的系列，这有助于用户完成完整的任务。以微软的 Office 办公系列应用为例，应用几乎可以帮助用户完成办公室内的所有任务。这些产品的功能各自独立，但公共的功能部分可以共享，用户只要学会其中一种就可以使用其他的产品。Office 应用产品之间通过云服务器联系起来，建立一个整体，这种应用设计方法有助于用户完整地完成办公任务。

（11）根据内在动机理论，如果用户认为自己的行为十分重要，那么行为就有利于促进内在动机，从而产生沉浸体验。

用户认为重要的事件可以是用户生存必需的事件，也可以是用户觉得给自己带来安全感的事件，还可能是让用户产生愉悦感的事件，当然也可能是让用户感到自豪感的事件。在应用开发的初始阶段，开发者首先要分析目标产品的价值究竟是什么，这个价值来源于用户认为自身使用该应用产品是十分必要的，是一件十分重要的事情。应用产品的价值定位可以参考亚伯拉罕马斯洛所提出的人类需求五层次理论，即需求可划分为生理需求、安全需求、社会需求、尊重需求和自我实现需求，依次由较低层次到较高层次。由于用户的社会角色不同，其需要水平也会区别很大，找到目标产品，用户真正的需求可以促进用户进入沉浸体验，并持续地使用目标产品。面向宏观沉浸体验的设计模式如表5-2所示。

表5-2 面向宏观沉浸体验的设计模式

模式	图例	叙述
高挑战与高技能是获得宏观沉浸体验的基础		"怪物猎人"游戏对玩家技能有很高的要求，玩家需要掌握进攻、防守、躲避等系列高难度动作，同时玩家还要面对实力强劲的各种怪兽，这是一个真正的高挑战与高技能结合的游戏
首要特质、重要特质与次要特质都会对个人的沉浸体验产生影响		"怪物猎人"游戏提供了各种装备、高级道具的收集与收藏功能，这可以满足一部分人的收藏爱好需要，这种爱好同时是人的一种次要特质。该软件在满足特质的同时为玩家提供了宏观沉浸体验

续表

模式	图例	叙述
明确的反馈是产生结构化宏观沉浸体验的必要条件		用3DS主机玩"怪物猎人"可以得到流畅的娱乐体验,这是由于3DS提供了明确、简单的游戏控制与反馈硬件。玩家可以通过游戏主机的按键对游戏的内容给予及时的反馈
明确的目标是产生结构化宏观沉浸体验的必要条件		"怪物猎人"游戏有着清晰明确的任务与目标,游戏玩家每次狩猎都是为了完成特定的目标,这些目标有主线与支线的区别,玩家每完成一个目标都会得到相应的系统奖励
任务类型对宏观沉浸体验影响显著		水彩绘画是一种艺术创作过程,在该过程中,艺术家会沉浸与陶醉在自己的创作活动之中,忘记时间的流逝。这种具有创造性的任务类型容易给人带来宏观沉浸体验
先前状态对宏观沉浸体验有一定的影响		"怪物猎人"中的米拉德村是游戏玩家休息与调整准备的场所,这个环境为玩家提供了轻松的先前状态。在玩家完成激烈的任务后,这个环境可以使他们放松下来,为下次沉浸体验做好积极的准备

续表

模式	图例	叙述
过多地接受严格的监督、时间限制或执行错误等负面信息,那么这个任务将很难带来沉浸体验		软件产品如果经常出现错误提示信息,那么该软件将不可能产生沉浸体验
低年龄段用户更倾向于从事以内在动机为驱动力的探索活动		"超级玛丽"是面向低龄儿童的游戏,这个游戏可以锻炼儿童的手眼配合能力,儿童玩该游戏的乐趣在于不断地探索新的场景与挑战,满足好奇心,并没有多余的功利与价值因素
用户技能的多样性可以促进内在动机,从而产生沉浸体验		在"怪物猎人"游戏中,玩家除了要掌握必要的战斗技能外,还要掌握如烤肉等辅助技能,玩家只有在多种技能精通的情况下,才能拥有自信,并对游戏产生兴趣,从而产生宏观沉浸体验
如果用户认为自己的行为十分重要,那么行为就有利于促进内在动机,从而产生沉浸体验	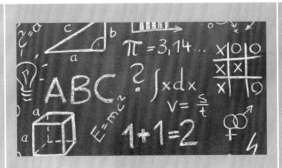	任何成年人都会选择对自己重要的事情去做,即使学习或工作的内容很枯燥。如学习数学对多数人是枯燥的,但学习数学同样会使人进入沉浸状态

第二节 习惯

一、习惯的形成

1. 经典性条件作用理论

经典性条件作用理论（Classical Conditioning）也被称为巴甫洛夫条件作用或条件反射，是在著名的生理学家巴甫洛夫的研究基础上形成的。此理论的基本原理是刺激的替代过程，该理论认为如果有机体能通过某种刺激 S1 形成反应，那么通过刺激 S1 与其他的刺激 S2、S3、S4 等不断地进行联系，一段时间后 S2、S3、S4 等其他刺激就可以代替原有的刺激 S1，对有机体形成反应，即一个中性的刺激物会代替原有的刺激物。中性刺激与无条件刺激共同作用于条件反射，并对条件反射起强化的作用。巴甫洛夫认为，在我们的教育中，每一种纪律和人们的很多习惯都是一系列的条件反射。

2. 操作条件反射理论

操作条件反射 (Operant Conditioning) 是一种由刺激引起的行为改变。与经典条件反射不同的是：操作条件反射与自愿行为有关，而经典条件反射与非自愿的行为有关。该理论是由动物实验开始形成的，美国著名的心理学家斯金纳用木箱测量老鼠，当老鼠在木箱中触碰装置时，就会掉落食物，因此发现老鼠触碰装置的概率大大地增加了，这种事先由动物做出操作反应，然后受到强化，使反应率增加的现象就是操作性条件反射[84]。斯金纳认为人和动物等有机体有两种习得性行为：一种是应答性行为，即通过经典条件反射习得；另一种是操作性行为，要通过操作反射习得。例如，在开发应用的过程中，我们可以把功能目标分解成很多的局部任务并且分别地予以强化，用户可以通过操作性条件

[84]Skinner B F. A case history in scientific method [J]. American Psychologist, 1956, 11(5): 221-233.

反射逐步地学习应用的使用。

3. 观察学习理论

观察学习理论是由美国心理学家班杜拉于1977年提出的，他认为条件作用理论所提出的学习是由奖惩等外部控制而产生的，这些理论针对动物或许合适，但对人类的学习却未必成立[85]。因为人的许多技能、知识等来自间接经验，人们可以通过观察他人的行为而间接地学习，这种学习方式被班杜拉称为观察学习，该理论主要探讨个人的认知、行为与环境因素对人类行为的影响。观察学习的过程主要分为四个阶段（见图5-13）：第一阶段是注意过程，注意过程是观察学习的首要阶段。注意过程决定在榜样中选择什么作为观察对象、抽取哪些信息。影响注意过程的因素主要有三种，即榜样的行为特征、榜样的特征与观察者的特点。第二阶段是保持过程，此阶段个体将观察的内容保存在记忆中，并准备随时调取。第三阶段是复现过程，个体要把记忆付诸行动就必须有体力与技能，开始模仿时行为一定与榜样有着距离，之后通过信息的交互反馈而使行为变得精准。第四阶段是动机过程，个体去复现榜样的行为不是自动的，而是受动机变量控制的。

[85]Bandura A.Self-efficacy: toward a unifying theory of behavioral change[J]. Psychological Review, 1977, 84(2): 191-215.

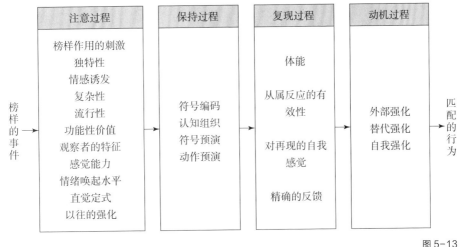

图5-13
观察学习的基本过程

二、习惯的特征对用户体验设计的要求

1. 习惯的后天习得性特征

根据观察学习理论，习惯的后天习得主要分为四个过程，即注意、保持、复现与动机过程，用户的行为要满足以上四个过程的要求才能够顺利地形成习惯。

（1）用户在习惯习得的注意过程中，榜样的行为特征、榜样的特征与观察者的特点被学术界认定为三个核心的影响因素。关于用户体验设计，可以从这三个因素分别挖掘以形成用户习惯相关行为。

通过分析榜样的行为特征，我们可以发现以下规律：一是独特而简单的活动容易成为用户的观察对象。例如，iOS 平台的 Clear 应用，功能十分简单，甚至比许多同类产品功能更少，但它却得到了高度的评价与广泛的使用，原因是 Clear 提供了独一无二的交互方式（见图 5-14）。在有限的屏幕中，每个界面元素在保持必要功能的前提下越精炼越好[86]。二是某种行为或事件越流行，就越容易被用户模仿，越容易成为学习对象。例如，我国微信的用户数量超过了微博，原因可以被理解为产品的质量特征造成产品转换，但这无法解释没有用过微信的用户也开始使用它。用户对流行事物的追求同样是用户转换产品的原因（见图 5-15）。三是用户对攻击性行为的学习速度要快于亲社会行为。在社会心理学中，人类的攻击性行为被认为是与喂食、逃跑、生殖并列的本能。人类天生具有攻击的本能，人类在社会中需要宣泄以释放这种被限制了的攻击的冲动（见图 5-16）。例如，当人们选择电影内容时，选择带有暴力倾向内容的用户要比选择对社会友好、助人为乐类型电影的用户数量要大，这证明了人类有发泄攻击倾向的需要。在移动应用中，"会说话的汤姆猫"应用就利用了人们的攻击倾向，应用中的汤姆猫形象不断地承受着用户的击打，

[86] 王愉.移动应用界面导航视觉模式的分类及其视觉元素设计[J].北京印刷学院学报，2013,21(3):66-69.

同时发出各种生动的声音,给用户带来了意想不到的快感。四是如果某种行为受到了奖励,那么它将比受到惩罚的行为更能引起模仿的倾向,鼓励的行为更能够被用户所接受。如在应用中设立某种奖励机制,用户可以获得积分、优惠、道具等奖励,这样的应用更容易获得用户的注意(见图 5-17)。

图 5-14
界面独特而简洁

图 5-15
微信的流行使其成为其他软件的学习对象

图 5-16
喂食、逃跑、生殖与攻击行为被认为是人类的本能

图 5-17
手机游戏中的玩家奖励机制

通过分析榜样的特征，我们可以发现以下规律：一是用户倾向于注意那些与自己爱好相同、年龄结构类似、社会背景相符的行为与事物。这种现象无论是在产品设计中还是在应用开发过程中都已经被广泛地认知。类似于应用开发过程中的用户定位描述，即任何产品都定位于特定的用户人群，只有把握用户的切实特征才能开发出符合用户需求的产品。因此，如果应用提供的产品特征与用户的个性特征能够紧密地对应，那么应用就增加了被用户认知的可能性。二是用户倾向于关注强势社会群体，忽略弱势群体。这说明应用的内容如果想拥有更大关注度，就要满足用户的这种需求，即在内容中更多地呈现成功人群信息或介绍与这类人相关的物品。例如，在应用中介绍一本书可能没有人会注意，但如果这本书是比尔·盖茨推荐的，就会有很多人去购买。

通过分析观察者的特点，我们可以发现以下规律：

①掌握更多信息与知识、情绪唤醒水平高的个体，能从观察中学到更多的东西。情绪唤醒水平实际就是个人的动机水平，而各种活动都存在一个最佳动机水平，与任务的难度成反比。这说明对于应用的注意，知识更多、学历更高的用户可以更快地学习与掌握应用。

②观察者过去的知觉定式会影响他们选取什么样的信息以及对信息的解释。知觉定式（Perceptual Set）是指主体对一定活动的特殊准备状态。需要指出的是在应用的开发过程中，开发者需要了解这种知觉定式。知觉定式可能促进用户注意产品，同时过去形成的知觉定式也可能对用户接受新产品或新交互产生影响。例如，用户可能过去经常使用某种应用并习惯了这种应用的操作方式，但这不能证明这个应用的功能与操作方式就是最好的。当企业认识到了自己产品的不足，同时了解用户的知觉定式时，就要对目标产品的改进范围进行平衡，如改变过大，彻底地违背原

有用户的知觉定式,就会受到原有用户的抵制,尽管产品本身质量提升了。如微软在 Windows 8 的主页界面开发时,过多地改变了人们已经习惯的使用习惯——将开始菜单隐藏起来,合并计算机的桌面模式与平板模式,这种设计模式由于违背了人们已经形成的知觉定式,遭到了用户的一致批评,因此,微软在 Windows 10 中又恢复了开始菜单(见图 5-18)。另外,如果开发者能够利用用户原有的知觉定式,发现积极的习惯,那么开发者就能更好地把握产品的改进空间。

图 5-18
Windows 8 与 Windows 10 的主页设计

③独立性较弱的人更倾向于注意他人。在应用开发的过程中,我们可以把这部分用户理解为较少地掌握信息技术并对计算机抵触的人。这些人群中一部分年龄较大,年轻时没有接触过电脑,会对信息与电脑技术掌握较慢,因此面对智能手机等设备会心存抵触心理。另一部分是学历较低、对电脑控制力较弱的人。他们由于没有系统地学习电脑操作知识,经常会在操作的过程中犯错或产生破坏性的操作,如在无意的状态下对手机内存进行格式化。如果应用用户涵盖这部分人群,那么在应用中最好有详细的功能帮助,这些帮助在应用启动之前可以有简要的介绍,这样可以减轻这部分用户的忧虑,增强他们的信心,鼓励他们继续使用目标应用(见图 5-19)。

④先前受到强化的行为在观察学习活动中更容易受到注意。我们可以把先前受到强化的行为具体地理解为:用户在使用移动应用的过程中,在接触到某种操作发现这个行为令自己十分满意或超出预期地完成预想的任务时,那么这个用户就会重复对应的

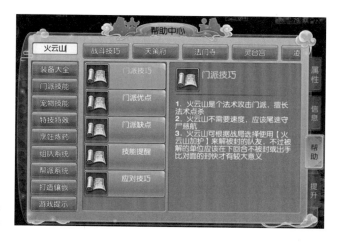

图 5-19
游戏软件中的帮助系统

操作,在用户不断地使用同一功能(操作)后,这种行为就会被强化,以至于用户未来实施这一行为的可能性大大增加。在应用产品开发实践中,了解用户的强化行为十分重要,开发者如果能够清楚地知道目标产品哪些功能是已经被用户强化的,就可以在产品中把这些强化的功能放在首要的位置,让用户一目了然,这样可以更容易吸引用户的注意。如在软件商城中被用户下载最多的三款听书软件——懒人听书、酷我听书、喜马拉雅,它们拥有相同的强化功能,分别为"分类""我的""播放"(见图5-20)。

图 5-20
听书软件中被强化的"分类""我的"与播放功能

(2)关于习惯习得的保持过程,在日常生活中这样的情况经常发生:当我们要理解或记住某个抽象的、复杂的事物时,我们往往会分析事物内部的逻辑关系,这种逻辑关系用文字表述最为方便。因此,语言表征系统在人们认识与学习事物的过程中同样扮演着重要的角色[87]。通过以上的理论分析,关于应用的用户体验设计,我们可以发现以下的规律:

①在应用产品中,当遇到一闪即逝的信息需要用户记住时,可以采用图像类型的可视信息来表达,相比于文字或语音,简单的图片会更容易被用户记住。开发者已经注意到启动页面的重要性,启动页面的存在是由应用启动时的网速不够或大数据需要加载过程引起的。启动页面出现于产品中本应该是一种不良的用户体验,因为这会占用用户等待的时间。但如果开发者进行合理的设计就会使本来的加载页面变成企业品牌宣传的良好途径。有很多优秀应用的启动页面都是以简洁图片的形式呈现的,其内容可以包括企业的VI、产品升级后的新功能和一些促销信息(见图5-21)。

[87] Paivio A. Mental representations: a dual coding approach [M]. New York: Oxford University Press, 1986.

图5-21
关于企业VI、节日气氛、产品介绍的启动页面

②当用户想深入地了解与掌握一些复杂、深刻的事物时,图像所承载的内容就会显得容量不够,以文字语言表征系统为主导的信息识别方式更加适合表现这类内容。这种结论可能和现今交互设计领域所推崇的信息图形化趋势意见相反,但如果从信息图形化设计的本质去分析这一问题,就会发现二者并不矛盾。信息图形是把文字表述的枯燥含义或事件的过程通过图形的手段形象地表现出来。信息图形一般的表现形式、呈现内容、绘图目标都

与普通的图形图像有着本质的区别。信息图形本质上是要传递抽象的信息,在信息图形中一般要有文字和数据,如果缺少这些图形就属于艺术范畴。但当问题的难度更高或过于复杂时,信息图形就没法解决。

通过对佩维奥的理论进行总结,我们可以发现关于用户体验的规律:

①人们之所以会天生地区分图像,容易在一些纷繁复杂的图形图像中找到自己的目标,是因为人们具有分清整体与部分关系的生理能力。这类似照相机镜头的自动对焦原理,相机在对焦过程中不断地寻找两个物体的边缘明度差异,通过这种差异准确地为物体对焦。这说明用户对应用界面的识别是有一定条件的,在应用的界面设计中,此原理可以指向控件按钮设计。用户在功能复杂的界面中试图找到自己想要操作的功能图标,这个图标必须在整体界面中与其他图形有所区分,当这个图标面积过小或色彩对比不明显时,用户将很难找到它。另外,某一个核心功能若要突出显示,它就要脱离整体以与整体界面进行明显的区分,如图5-22 中的 App 中的焦点区域,搜索按钮被刻意地扩大,色彩更加鲜艳,增加与整个界面的对比度。"Focus""Memory""Brevity"功能用彩色大图标表示,可以在界面中凸显出来。

图 5-22
界面中核心功能的突出显示

②关于语言单元的理论可以指向界面中的功能划分,这是一种方便用户查询的信息组织体系。联想组织体系可以体现为通过某种活动或目标把一些文字功能组织到一起。例如,应用要完成夜间拍照功能,那么开发者就可以选择这种模式,应用需要把关于夜间拍照的图标文字组织在一起,这是典型的通过联想原理进行信息组织的方法。联想原理进行信息组织还包括应用内部提供的一系列信息进行组织与检索,这会方便用户根据不同的活动组织不同的信息文字。例如,应用提供的信息搜索可以通过时间进行组织,还可以通过地理位置进行组织,它们会适应不同用户的使用习惯与知识结构。例如在手机淘宝中,用户在货物的搜索过程中可以进行详细的检索,图中商品的排序功能就是一种信息联想组织体系(见图5-23)。

图5-23 信息联想组织体系

③层级组织体系可以逻辑性地递进组织信息。在一些应用的组织体系中,信息与信息之间是相互包含的关系。当信息处于分散的状态时,用户很难理解应用的功能。这就需要把分散的信息进行归类组织,把具有同种特征或属性的功能进行合并,这样可以减少用户接触的信息数量,会相应地减轻用户的信息承受压力。在Word 2013中,软件的工具控件被整合到上部的条形工具栏中,软件根据不同的功能属性对控件进行整合,把常用的功能放在可

视的位置,把不常用的功能隐藏起来,既方便用户寻找又减轻用户的信息压力(见图 5-24)。

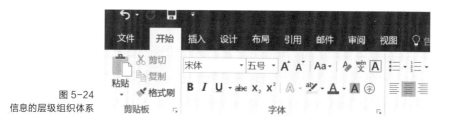

图 5-24
信息的层级组织体系

(3)用户在习惯习得的复现过程中,个体的能力同样重要,如果能力不具备,那么个体还是不能够再现行为(动作的再现即把符号化的表征转换成适当的行为)。

动作再现过程决定了已经习得的动作转变为行为的可能性。学习者能否顺利地模仿、实施榜样的行为部分取决于个人是否具有实行行为的子技能。在应用设计中,我们可以解释为:用户是否能够顺利地使用某种应用并不完全取决于应用本身,还和用户自身的能力特点相关。例如,面对一款绘图应用,我们不能要求每个人都能完美地使用它。如果用户没有素描、色彩等绘画基础,那么是不可能通过某种应用实现艺术创作的,原因是用户自身缺少实施行为的子技能(见图 5-25)。应用不必适应所有的用户,尤其是一些专业领域的应用产品,但应用一定要保证具有子技能的用户可以轻松快速地掌握应用的使用技巧。在实际的生活中,人们往往先观察榜样的行为,再通过自身的尝试与调整,才会熟练地掌握某种技能。

图 5-25
再现行为与人的子技能

（4）用户在习惯习得的动机过程中，个人行为受到产生动机的各种因素的影响。这些因素可以总结为外部、替代和自我强化。

外部强化是指人的行为后果对个人的行为起到的加强作用，行为后果可能是奖励或者惩罚。强化分为正强化与负强化，正强化是指事物发生在个人的行为之后，会对个人未来的行为起到促进作用；负强化是指某个事物的取消会对个人未来的行为产生影响。替代强化是指一种榜样替代的强化，如果个人发现别人从事某种活动得到了利益，那么他就会去做同样的事情；如果别人由于某事失去了利益，那么他就会避免这种行为。这样一来，对榜样行为的强化就转换成了个人观察与学习的动机，源自代理强化并由此产生的动机就被称为替代强化。自我强化指在活动之前个人先确定一个标准，在活动过程中要与自己的标准进行比较，如果达到标准，就能够控制奖赏来维持自己的行动，这种奖赏可以是愉悦、自豪与满足等。如果达不到标准，就会自己进行惩罚以继续努力或调整自己的行为，这种惩罚可以包括自责、自我发火等行为。自我强化是较高水平的激励方式，现实生活中并不是每个人都可以具有这种特质，但通过学习与教育，个人是可以具有这种能力的。

帮助移动应用用户实现自我强化可以采用如下步骤：

①帮助用户设计和选择适合自己的活动。用户获得奖赏的主要依据是对自己行为的判断，判断的结果可依据用户对行为与标准的比较。因此，应用设计时应该利于用户对自己的行为进行积极的评价。具体应该注意三个方面：一是这种活动应该简单易懂。二是这种活动应该是具有挑战性与娱乐性的，如果只是枯燥、乏味的活动，则不能激发用户的兴趣，用户将很难设定自己努力的目标。如果没有目标，就没有强化。三是这种活动对用户一定是有意义的。意义部分来源于用户感知价值的功利心态。如果一个活动没有现实意义，那么用户根本就不会付出努力，从而放弃评

价,这样也不会产生强化的作用。

②指导与帮助用户设立合适的评价标准。如果用户设立的评价标准过高,那么即使用户顺利地实现任务,但由于达不到指定的目标,用户同样会产生失落感,会产生负面的自我强化作用。如果用户的评价标准过低,那么即使用户完成了规定的任务,也不一定会真正地学会操作。用户行为的标准分为三种,分别为绝对行为标准、社会参照标准和个人标准。绝对行为标准指真正的最高标准。社会参照标准指与用户社会经历与地位相似的朋友所达到的一般水平。个人标准指个人由于生活经历或愿望等所指定的个人标准。在这三个标准中,后两个标准对用户影响更大。在应用设计中,充分地考虑用户的这三种标准,可以获得用户意外的关注与参与。例如设计一款背诵英语单词的应用,为了鼓励用户持续地背诵单词,就需要为用户制定合理的单日可背诵单词的数量,同时,当用户完成一天的工作量后,还要通过应用对用户的行为予以鼓励(见图5-26)。在制定评价标准的时候,要考虑用户相关人群的平均标准,但主要还要让用户可以根据自己的情况制订学习计划,这种自定的学习计划就是用户的个人标准。因此,应用要采取两种标准测试模式:一种是应用系统建议的一般标准;另一种是应用用户自定义的标准。

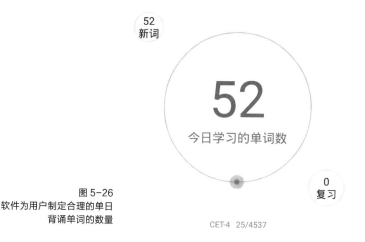

图5-26
软件为用户制定合理的单日
背诵单词的数量

2. 习惯的稳固性与可变性特征

习惯的稳固性是指个人的某些行为会在生活中反复地重演，从而得到强化，形成人们生活中的一种依赖，不会短时间内在个人的生活中消失。斯金纳认为习惯是个人经过长时间的强化而在头脑中形成的概念群，当个人遇到事件要分析与处理时，用户就会在意识中快速地搜集与事件相关的概念群，并发出类似性的指令，这样人们就表现出习惯的行为。但是习惯的稳固性并不是绝对的，一系列合理的教育或通过重复的训练是可以改掉某种习惯的，这就是习惯的可变性。基于习惯的这种特征，应用中如果要用户掌握某种技能，并形成一种自觉的行为取决于：对用户的行为从正面进行积极的引导，让每个用户在操作中明白什么是正确的、使用了哪些技巧等，如一些应用在帮助中会让用户针对应用界面的主要功能进行分步指导，当用户使用到某种新功能时，界面会弹出相应的对话框，提示用户该功能的使用要点。如果某个功能十分重要，那么应用可以反复地进行提醒，以强化这种行为，最终让用户养成一种自觉的习惯。应用如果想拥有更多的用户，就要培养用户使用目标产品的习惯，但当用户并没有这样的习惯，而是拥有与之相反的习惯时，这就需要应用与企业通过各种行为影响并改变用户的行为。

改变习惯对于用户而言是非常困难的，因此需要一系列的方法。

①识别习惯。要让用户改变自己原有的习惯，就要让用户认识到究竟是什么习惯阻碍了自己的发展。例如，减肥应用要让用户认识到究竟是什么原因促成了个人身体变得过胖，这些原因与自身的一些习惯是否有必然的联系。每个人都有体型的形成原因，但一定要让人们认识到这一点。

②形成改变习惯的欲望。让用户改变原有的习惯并形成新的习惯，就一定要说服用户这种改变是有价值的，如果不做改变，将会影响未来个人的发展，而使用目标产品就可以解决这一问题。

应用要能够提醒用户使用应用所能产生的效果，这种效果通过一系列的努力是可以实现的。这样就可以给用户带来一种期望，只要坚持使用应用改掉以前不利于发展的旧习惯并建立新的良性习惯，就一定可以实现自己定下的目标。

③让用户了解为什么他们会按照以前的生活轨迹行事。让用户了解自身从当前的状况中得到了些什么，这种状况究竟填补了哪些需求，同时应该让他们认识到自己的行为模式应该主动调整而不是条件反射，进而会创造出一个更加健康的习惯予以取代。例如，汽车司机在习惯了手动挡汽车的驾驶后，会自然地把右手放在挡把上，以方便自己随时变换挡位。在这个司机买了自动挡的汽车后，还会自然地把右手放在挡位上，但这是完全没有必要的。

④用正面信息取代负面信息。当一个人放弃了自己的旧习惯而开始新习惯时，他已经改变了。以上文提到的减肥应用为例，在应用中要提供正向的信息——我正在减肥，马上就会变得苗条了，这属于与自身目标相符的信息。购物网站如果想让人们在该网站上更多地消费，就要及时地提醒用户：你的消费金额是多少，你已经成为该网站的金牌客户，消费可以提高生活质量等。相反，一款鼓励用户合理消费的理财应用可以让用户在应用中设定自己每月的消费金额，当用户每月的记录金额没有达到自己的计划上限时，应用就会及时地提醒用户本月节省的金额。

⑤力求明确：为成功做出计划。一个行动需要明确的计划才能够去实施，我们可以判断这个行动比较艰难、用户一定要付出很大的努力才能完成。在这种情况下，要让用户转变以前的习惯形成新的习惯就要有切实可行的计划，而且这个计划不要过于宏大，不要让用户感觉它是一座"高山"；这个计划也不能过于容易，让用户完成后没有成就感。在制订计划时，要把计划进行分解，将一个难度很大的任务划分为难度较小的分支任务，用户只要每天按计划进行，最终就会完成自己的目标。如用户使用理财

应用，要坚持每天记账是件很麻烦的事，只要几天不记就会慢慢地忘掉应用，从而又回到了消费没有计划性的原有习惯中。面对这种情况，开发者就要为用户制订每月的消费计划、每天的消费计划，用户一旦超支，就会有相应的提醒，并告知在哪个消费项目中超支。

⑥鼓励行为。在形成一种习惯的过程中，要为用户设置足以吸引用户的奖励系统，使用户积极调节自己的行为。以理财应用为例，坚持使用对用户而言是很艰难的，如果应用能够减轻用户的艰苦指数或者使原本很枯燥的事情变得有乐趣，那么就容易形成一种自我鼓励的良性机制。应用中也可以加入轻微的游戏功能，如用户在坚持记账一周后，应用给用户一些奖牌奖励，这同样有利于用户坚持下去。

⑦制订一个退出之前的应急计划，使用户不容易放弃。这是应用设计的关键组成部分之一，用户需要在自己建立的协约中做出承诺，并在自己企图退出之前开启应急计划。同样以理财应用为例，当用户工作太忙忘记使用时，可以在用户停止使用应用的几天内给用户以提示："您已经一周没有记账了！"这就是一种退出之前的应急计划。

3. 习惯的下意识性特征

习惯的下意识性指习惯一旦形成，人们不需要大脑对信息进行精密的加工，从此获得了一种自然的惯性而不需要专门的理性思考。具体的表现可以是从前的刺激对后来的反应有着天然的支配力，人们会对当前的行为暂时地失去理性的判断、对当前活动的意义出现思维的遗忘。例如，人们驾驶汽车时不会考虑手与脚究竟要如何配合，因为人们每天按照同样的流程去驾驶，这已经形成了一种自然的习惯，驾驶时人们甚至会分出心思去听广播或与他人交谈。出现"习惯"表现出的行为，究其原因可以被解释为"最大幸福原则"，即人的行为趋向于趋利避害、趋乐避苦的功利性，人们追求的不是思想上的"有利可图"就是身体上的"舒服感觉"。人们一旦在行为中找到这种功利性的感受，就会反复地进行同一行为进而形成习惯。人们在针对固定行为时，理性的思维慢慢地消散，感性成分或非理性因素就会逐渐地渗透出来，从而演变成思维的无意识性驱动行为。

基于这样的认识，针对移动应用设计，为了增加用户的黏性，使用户长期地使用目标产品，我们可以让用户逐渐养成一种习惯——只要处理某件事情，就会下意识地使用目标产品，而不考虑其他的解决方式。例如，用户有随手记录易忘事件的需求，而乐顺备忘录应用非常好地满足了用户的这种需求。在iOS系统，乐顺备忘录能够代替系统自带的备忘录应用，让用户养成了记录的习惯。该应用的解决方案是应用默认设定了记录类别，同时用户可以自定义添加类别，应用鼓励用户按照类别属性记录事件。乐顺备忘录与竞品应用最大的区别是逻辑简单、界面精美、呈现高度的拟物化，应用承载的功能较多，让用户觉得物超所值（见图5-27）。另外，该应用把用户不经常使用的很多功能隐藏了起来，减轻了用户的信息接收压力。还有一些应用通过培养人们的下意识行为使产品更具黏性。以微信应用为例，人们最早记住的微信功能就是"摇一摇"，该功能可以帮助用户快速地找到周边的好友。就摇一摇这个动作本身而言，属于先前移动产品从未出现的操作动作，对于用户很新鲜，同时这个动作还非常符合人们的动作偏好。当人们觉得无聊时就会摇一摇手机，找周边的朋友聊天。慢慢地，随着用户每天摇动次数的增多，这个动作就成了一种习惯，这个习惯使用户更加不能放弃微信。微信针对用户已经习惯了摇一摇这一动作的事实，又进行了功能拓展，当用户想了解电视台正在播放的音乐时，通过摇一摇，用户可以寻找歌曲的出处，方便用户下载。因此，一个下意识的习惯动作可以拓展应用的功能，使应用更具生命力（见图5-28）。

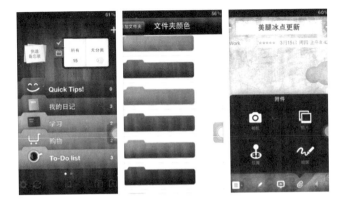

图 5-27
乐顺备忘录

图 5-28
微信的摇一摇功能

4. 习惯的情境性特征

情境性特征指人们会对身处的环境进行解读，并采取相应的行为，这体现了人对环境的主动性，这个主动性是由人的内部规定产生的性能，是人的一种自主规定与对自己的支配。在习惯形成的过程中，情景因素实际起到了环境控制与行为影响的作用，用户形成习惯并实施相应的行为，要有一定的情境条件，在特定的环境与熟悉的情境出现后，用户才倾向于实施某种规律性的行为，即习惯行为[88]。

根据这一原理，为了满足或培养移动应用用户的使用习惯，在设计程序时还要考虑移动用户的过去行为。把应用目标用户的

[88]Lewin K. Some social-psychological differences between the United States and germany [J]. Character and Personality, 1936, 4(4): 265-293.

生活进行分解，找到用户使用应用的特定时间与情境，根据情境来对应用进行用户体验调整。如某用户群经常会在午休后、地铁上、睡觉前使用移动应用，根据这三个不同的情境特点，应用开发者要明确目标应用是满足每一个环境还是只需适合于一个环境。用户在午休后往往身处单位，有 Wi-Fi 的支持，使用应用不受流量的限制，这时应用中可以提供下载丰富的图片与视频文件。当用户完成了半天的工作，身心都处于比较疲劳的状态时，用户往往不会再使用工作应用或效率应用，而更倾向于使用让身心放松的应用，如一些视频应用、购物应用，这些应用使用户处于一种舒服的状态，有助于用户午睡。

观察北京地铁的晚高峰时段，我们会发现多数人都低着头（低头族）操作自己的手机，有的人在看小说，有的人在玩游戏，有的人在听音乐，总之，人们在地铁内使用的一定是自己最喜爱或最能使自己忘记时间的应用产品（见图 5-29）。下班途中乘坐地铁的用户处于全天最疲惫的状态，晚高峰地铁十分拥挤，这又为上班族增加了极大的压力。因此，在这段时间与情境内，移动应用用户多数比较烦躁，想快点到家，熬过乘坐地铁这段枯燥、拥挤的时光。在这种环境下，移动应用可以帮助用户从烦躁状态中转移出去，最好的办法就是让用户处于一种完全沉浸的体验中，

图 5-29
地铁中的低头族所处情境

这样用户能够暂时忘记眼前的烦恼，感觉乘坐地铁的时间大大缩短，所以用户会在乘坐地铁的情境中首先想到可以减轻其压力的目标应用。

三、基于习惯的用户体验设计模式总结

（1）为引起用户的注意从而形成习惯，移动应用的操作与展现形式要独特而简单。独特性要求应用具有区别于其他应用的外观或操作；简单性要求应用并不是功能的堆积，而是保留核心功能，去掉不必要的功能。Clear App 可以充分地体现独特与简洁特征。

（2）为引起用户的注意从而形成习惯，移动应用应该体现时代的流行趋势。应用表现的事件与精神越流行，就越容易被用户模仿与记住。时代的流行趋势是快速变化的，开发人员要客观、与时俱进地分析流行元素。一般流行趋势的维持时间较短，难以把握，但我们还是可以通过考察当前的电影、汽车造型与流行杂志等媒介来总结（见图 5-30）。

图 5-30
电影可以展现社会的人群结构与流行趋势

（3）为引起用户的注意从而形成习惯，移动应用可以体现一些人类的原始本能行为：喂食、逃跑、生殖与攻击。这四种行为体现了人类与动物的共性，在现今的人类社会，这四种行为同样起到重要的作用，因此如果产品中涉及以上四种行为，则往往会引起用户的注意。

（4）为引起用户的注意从而形成习惯，移动应用可以建立合

理的奖励机制，因为用户对于引起奖励的行为更倾向于产生模仿。奖励机制的合理性体现在面向不同用户的具体解决措施，并不是仅仅在应用中提醒"操作正确"这样简单。

（5）为引起用户的注意从而形成习惯，移动应用开发者要分析用户的特征，因为用户倾向于注意那些与自己爱好、年龄、职业、社会背景具有相似性的事物或行为。这种相似性体现了用户对自己生活状态的关注，同时用户关注与自己相似的信息有利于人生的发展。

（6）为引起用户的注意从而形成习惯，移动应用在内容的选择上应该偏向于展现那些在社会上受人尊重、事业成功或拥有权力的社会群体。这是由于多数人都有模仿成功者的意愿，因为用户认为如果采纳成功者的行为，自己获得成功的机会将加大，所以成功内容更容易引起用户的关注。

（7）为引起用户的注意从而形成习惯，移动应用开发者应该根据用户的技术接受水平设计应用的信息架构。对于初级用户与中级用户，系统提供的主要功能完全能满足他们的需求；对于高级用户，系统定制的功能要全面，可以处于系统较深的层级。图5-31所示为喜马拉雅有声书软件的高级用户定制功能菜单，这些功能隐藏在播放页面的"更多"按钮中，为有特殊需要的用户提供更丰富的功能。

图5-31 喜马拉雅有声书软件的高级用户定制功能菜单

（8）为引起用户的注意从而形成习惯，移动应用开发者要了解用户过去的知觉定式，如果产品的创新性违反了用户长久以来建立的这种定式，那么即使新的功能很好、很全面，同样会遭到用户的抵触。值得注意的是产品需要寻找用户还没有形成知觉定式的领域与方向，这样会更容易被用户接受。

（9）为引起用户的注意从而形成习惯，移动应用开发者应该寻找用户过去被强化了的行为。用户对行为进行强化说明用户十分依赖于这种行为来帮助自己，被强化的行为可能是合理的，也可能是不合理的，但我们不能否定这种行为对于用户是舒服的、愉悦的。因此，找到被强化的行为有利于增强用户对目标产品的注意。

（10）为使用户的行为得到保持从而形成习惯，当移动应用用户需要快速地记忆某种概念与事件时，图形与图像的作用要大于文字。人们对于图像只需要识别就可以记忆，对于文字却需要理解其含义才可以被记忆系统储存起来，因此短时间内图像更有利于用户的接收与记忆。

（11）为使用户的行为得到保持从而形成习惯，移动应用在表达复杂、深刻的事物时完全使用图形是不可取的，这时文字就体现出了逻辑性强的特点，对某些抽象的信息可以借助对过去学习事物的概念来辅助理解。应用引入信息图形是很好的解决方案，信息图形可以对抽象的概念与过程进行直观的表达，有利于用户快速地接收信息。

（12）为使用户的行为得到保持从而形成习惯，移动应用在界面设计上应对各个功能进行明显的区分。区分的方法是把界面中的控制工具区域、内容区域与即时信息区域从明度与色度上与整体界面进行明显的区分，因为人们对于图像的认知要依赖于图像部分与整体的区分。

（13）为使用户的行为得到保持从而形成习惯，移动应用对于文字语言信息要进行有效的组织。信息组织选择的依据来自用户的过去习得概念模型，概念模型要求应用以用户熟悉的、可以理解的分类方式进行信息组织，基于联想的信息组织体系正在被广泛地应用。

（14）为使用户的行为得到保持从而形成习惯，移动应用可以采用逻辑性很强的递进式信息组织方式。在这种组织方式中，信息根据分类呈现父元素包含子元素、父级菜单包含子级菜单的关系。

（15）为使用户的行为得到复现从而能形成习惯，移动应用应该考虑用户的计算机水平与相关业务水平，否则用户很难进行行为的复现。

（16）为使用户的行为具有充分的动机从而形成习惯，移动应用开发者首先要考虑应用对于用户的利好性，如果用户根本没有使用产品的动机，那么再好的产品对于用户也是没有意义的。寻找动机要考虑用户的自我强化的行为，通过发现这种被强化的用户偏好行为来寻找动机。

（17）为了使用户拥有自我强化的行为，移动应用应该帮助用户规划应用中的操作活动。

（18）为了使用户拥有自我强化的行为，移动应用应该帮助用户制定合理的任务完成度评价标准。

（19）为了改变用户的原有习惯，形成使用目标产品的新习惯，应用开发者首先要调研用户的固有习惯，检验目标应用的操作是否与之冲突。

（20）为了改变用户的原有习惯，形成使用目标产品的新习惯，应用开发者要让用户形成改变原有习惯的欲望，如果用户一直觉得自己过去是正确的、最合理的，那么用户就很难接受新的产品与交互方式。

（21）为了改变用户的原有习惯，形成使用目标产品的新习惯，应用开发者要借助于各种渠道让用户知道为什么自己会形成原有的习惯，这主要是针对用户需要克服自身的一些困难而使用应用来帮助自己的需求，这些活动包括坚持体育锻炼、减肥、学习等。

（22）为了改变用户的原有习惯，形成使用目标产品的新习惯，应用开发者要尽量地使用正面信息取代负面信息。正面的信息类似于鼓励机制，用户面对鼓励的接受程度要高于批评。

（23）为了改变用户的原有习惯，形成使用目标产品的新习惯，开发者要在应用中为用户提供基本的任务计划。这个计划一定要具体，包含长期目标与短期目标，长期目标对用户需要具有诱惑性，短期目标要简单、切实可行，让用户感觉没有过多的负担。因为只有顺利地完成每一个短期目标，才可能实现制定的长期目标。

（24）为了改变用户的原有习惯，形成使用目标产品的新习惯，开发者要在应用中设计鼓励机制，这些鼓励机制有利于用户长期坚持某种行为，长时间内使用目标应用产品。鼓励机制不可以具有强迫性或让用户感到莫名其妙，鼓励机制要想获得成功就既要保证在用户真的完成某种任务后才出现，还要确保鼓励的行为对用户真的有吸引力。

（25）为了改变用户的原有习惯，形成使用目标产品的新习惯，应用开发者要在应用中设定紧急预案，紧急预案主要是针对无法长期坚持的用户，在其放弃自己的计划时出现。还有一种情况是用户要直接删除应用，这是最坏的一种情况。紧急预案使用一些挽留方案，这是留住用户的最后屏障。

（26）开发者应分析用户习惯的下意识特性。设计移动应用中的各种操作要尊重用户长期养成的意识，观察人们生活中的各种下意识行为，把这些下意识行为巧妙自然地应用到目标应用中。满足这种意识可以使目标应用变得通俗易懂，创造这种意识可以使应用展现出全新的交互方式。

（27）开发者应分析用户使用应用的情境特征。目标应用在不同的情境中应该进行适合环境的调整，目标应用对于用户有可能只适合于某一特定的情境，因此开发者从情境的角度入手设计与调整目标应用产品是十分必要的。

第三节　主观规范

对用户主观规范的研究主要是从用户对应用的选择角度进行探讨，选择包含两个层面的内容：一个层面指用户从没有选择某移动应用产品变为选择与拥有状态；另一个层面指当用户拥有某种移动应用产品后想要持续地使用该产品。主观规范对用户的影响并不是直接由产品自身的某些功能或交互行为对用户产生黏附作用，而是通过外界环境中的人与物对用户施加影响。Taylor 与 Todd 认为，主观规范分为内部影响与外部影响，本节将从主观规范的内部影响与外部影响角度探讨理论的具体应用。与主观规范所研究问题类似的理论还有面子理论，面子理论研究的内容也是个人由于受到环境与自身压力的影响而改变其自身的行为。本书关于面子理论的研究主要是来源于面子理论中的经典代表，即面子协商理论（Face Negotiation Theory）。

一、主观规范的内部影响

在内部影响中，Park 和 Lessig 将参照群体对用户的影响分为三类：用户获取信息的方式、用户的服从与跟随、提升自身价值。第一类指用户从认为重要的人那里获得的关于产品的信息，并根据信息做出相应的行为决策。第二类指用户由于自身的利益考虑，必须与参照群体保持一致。第三类指用户为了提高自身在其他人眼中的形象而从事的行为[89]。

二、主观规范的外部影响

主观规范的外部影响指以大众媒体为代表的各种传播媒介。

[89] Park C W, Lessig V P. Students and housewives: differences in susceptibility to reference group influence [J]. Journal of Consumer Research, 1977, 4(2): 102–110.

大众媒体改变了我们对于现实世界的认识，改变了人与人、人与社会之间的关系。大众媒体由于其传播途径的直达性特征，从社会影响上消除了物理空间与社会空间的隔阂，媒体为人们提供大量信息的同时，还成为改变人们世界观、行为习惯的新工具。在大众媒体中，网络媒体近几年发展迅速，正在全面地超越其他各种媒体，成为现今的主流与最广泛的媒体。网络媒体有以下特征：网络媒体既是大众媒体也是小众媒体，因为网络上的多数网站用户数很少，以美国为例，有200多万个网站的平均用户数为25人。但也有移动端网站如微信公众账号，用户数量达到5亿人。网络媒体具有互动性，网络用户可以通过网络寻找自己关注的内容，避免广告的骚扰，这是电视媒体所缺少的特性。网络媒体具有信息容量大的特征，伴随网络数据库与云存储的不断发展，数字网络产生与提供的信息是其他媒体无法承载的，用户可以通过网络找到数量最大、范围最广的信息。

三、主观规范相关理论：面子协商理论

借鉴了Goffman（1955）和Brown和Levinson（1978）合作开发的面对面谈判理论[90]，Stella在此基础上提出了面子协商理论。面子可以被理解成个人在某种情景中所表现出来的形象，由于在不同文化中对"我"的认知有所不同，因此这就会产生世界中不同的"我"[91]。Goffman进一步用戏剧理论（Drama Turgical Theory）的观点将面子行为比喻成舞台中演出的戏剧，人与人之间所表现出的互动行为是戏剧中的前台行为（Front-stage Behaviors）；个人真正内心所追求的是不愿在公众面前表现出来的行为，这被称为后台行为（Backstage Behaviors）[92]。这种面子行为在中国表现得最为突出，早在19世纪末，美国传教士亚瑟·亨德森·史密斯就指出：中国人的面子观念源于他们对

[90] Goody E N. Questions and politeness: strategies in social interaction [M]. New York: Cambridge University Press, 1978.

[91] Li M H, Li P. Understanding Asian-Americans [M]. New York: Neal-Schuman, 1990.

[92] Goffman E. Interaction ritual: essays on face-to-face behavior [M]. Garden City: Doubleday Anchor Books, 1967.

戏剧的喜爱，人们甚至把生活当成真实的戏剧，而面子行为就是真实的"演戏"行为。因此，在这种观念的指导下，中国人往往呈现出"只重形式，不重实质"，讲究"面子功夫"的现象。由此可见，面子行为对各种文化群体尤其是中国人的行为产生的巨大影响，这种影响体现在生活中的各个层面，当然也包含我国移动应用用户对应用的选择与使用行为。

Stella 提出了关于面子的诸多概念：

（1）留面子（Face Saving）：对于这一概念有两种解释，第一种是指个人表现出来的对他人的自由与空间的尊重。第二种是指在人际交往中，当个体拒绝了他人的一个要求后，会愿意做出一点让步，使他人获得满足。这源于人际交往时自我价值的体现，人本能地想得到这种价值。因此他人的不愉快也会带来自身的不愉快，为了避免这种情形出现，人们就在行为上倾向于退一步，即留面子。这种现象在心理学中叫作"留面子效应"，如商人把价格定的远远高于实际价值，在讨价还价中让顾客拒绝高价后而接受一个比高价低得多的但比实际价值高的销售价格。

（2）给面子（Face Giving）：鼓励并满足人们对被包容、被接纳、被承认的需求，也意味着留有余地与空间来挽回或者协商面子。

（3）丢面子（Face Losing）：对于欧美文化背景的人来说，丢面子意味着自我失败、自尊心或自豪感的丢失。对于亚洲文化背景的人来说，丢面子意味着损害了组织的和谐，同时使自己、家人、朋友等蒙羞。

（4）挽回面子（Recovery from Face Loss）：主要是针对已经失去面子或者将要失去面子的人群，这部分人会实施一些行为，用来确保自己的自由、空间，避免受到他人的侵害。挽回面子的方式有三种：幽默可以挽回面子；攻击可以挽回面子；形成一种双赢状态可以挽回面子。

四、基于主观规范的用户体验设计模式总结

（1）根据主观规范理论中参照群体的信息影响维度进行分析，可以得到以下结果：用户是否使用某种应用产品很大程度受到熟悉的周围人的影响。即周围相关人群普遍使用的或推荐的应用产品更可能被用户采纳。因此，对于一款移动应用，重要的是如何让用户的身边人群首先使用目标产品，这尤其对一款新开发的产品提出了更苛刻的要求。建议解决的方法是产品首先在小部分群体中得到积极的评价并获得推荐，然后慢慢地扩大范围。如Facebook诞生时的传播途径，它首先在大学生中传播，然后范围扩大到整个美国，最后遍布全球。

（2）根据主观规范理论中参照群体的功利影响维度可以得到以下结果：用户是否使用一款移动产品有时并不完全由自己决定，在一些情况下，他们会遵从别人的指令或由于工作原因必须使用某种规定的产品。对于移动应用，一种理想状态是在企业的内部被广泛地高强度、高频率使用，处于这种状态下的产品具有高度的黏性，用户要完成自己的工作就必须使用企业指定的应用产品。以微软的Outlook软件为例，它被很多企业采用，用以在企业内部进行实时沟通。作为一个企业员工，即使他并不认为Outlook很好用，但也必须使用此软件。但类似Outlook这种被企业规定使用的软件，中小软件企业很难涉足其中，这种软件一般是业务性很强的专业软件，而且多数在行业内被高度认可。

（3）根据主观规范理论中参照群体的价值表现影响维度进行分析，可以得到以下结果：用户有时使用一种应用产品，并不是完全由于自己的需要，而是使用这种产品可以提高自己的身份或提供他人对自己的认知程度。一款移动应用产品要想具有价值表现的影响力，那么它需要具有提高个人身份或认知度的特质。如为老年人设计一款简单易用的社交工具，使老年人也可以通过智

能手机进行互动沟通。这个应用提供的价值之一是让老年人认为自己并没有衰老,并没有被新时代所抛弃,他们可以像年轻人一样使用最新的技术进行交流。

（4）根据主观规范的外部影响理论,移动应用用户会受到大众媒体的影响,从而改变自己的选择行为。在大众媒体中,传统的媒体仍然发挥着非常重要的作用,但近几年发展最快的是网络媒体,同时网络媒体正在与其他媒体进行着快速的融合。移动应用产品自身与网络联系紧密,使用移动应用的用户多数是移动互联网用户,因此关注与发展网络媒体对促进一个移动应用产品的推广与发展至关重要。在网络中推广是一种必然趋势,但推广的效度却取决于推广的方法。近几年比较成功的案例是小米科技对自己旗下产品的推广,该企业采用微博营销、网站营销、口碑营销、网络渠道营销,这些营销方式符合年轻人的接受习惯,因此取得了很好的效果。由此可见,对于网络媒体,我们要深刻地理解其与传统媒体的不同之处,充分地利用其直达性、互动性与定制性等特点,不断地创造新的营销方式,这样可以花费最少的时间与人力成本实现最大的传播效果。

（5）根据主观规范相关理论,面子协商理论让我们知道,不同的人在社会互动中都扮演了各自的角色,同一个人在不同的情境下也要扮演不同的角色,每个人都要用合理的演技来操纵观众对自己的看法。如一个人面对父母时要成为"儿子",面对儿女时要成为"父亲",面对学生时要成为"老师",因此这个人所扮演的角色是多样的。有时这些角色在一些情况下是重合的,这就为个人的表演增加了难度,如果角色发生了冲突,那么很容易使自己丢失面子。面对这些面子问题,在移动应用中的社交类应用表现得最为明显。我们要在应用中使用户感受到容易被别人给面子,同时可以给别人留面子、不使自己丢面子、失去面子后还可以挽回面子。如果应用可以考虑到上述因素,那么用户将会放心地使用该产品，同时会享受应用为自己带来的融洽生活。

以微博为例，微博可以通过好友的通信录发现这个好友的朋友圈，同时自己发出的消息任何人都可以查阅。在产品运营之初，这样的设计可以使微博用户快速地扩大，同时用户可以大范围地扩充自己的信息渠道。但人们长时间地使用微博就会发现，自己在微博中的留言并不是自己真实想说的话。这源自用户对自己身份角色的顾虑，如用户要思考自己的言论是面向社会中自己扮演的哪种角色，如果让别人知道了不应该知道的消息会产生什么样的后果，就会使用户的网络留言言不由衷。另一个问题是用户常常考虑我添加这个好友是否要让别人知道，他们之间是否有冲突？因此微博提供的功能模式很容易让用户所扮演的社会角色相互冲突。由于我国用户对面子的重视程度要远远大于欧美国家用户，因此欧美国家与微博类似的应用还在继续流行，如 Twitter 仍在被广泛地使用，而我国有很大一部分用户已经放弃了微博转而使用微信，因为微信不会使用户扮演的社会角色产生冲突与混乱（见图 5-32）。

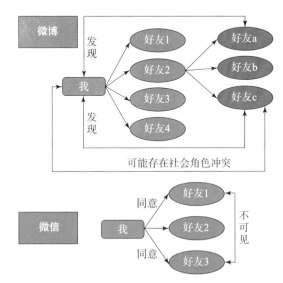

图 5-32
微博与微信的角色关系分析

第四节 感知应用质量

一、软件质量模型介绍

1. 软件质量定义

ISO 关于软件质量的定义：软件产品或服务所具有的特征，基于这些特征可以满足明显与隐含的需要。软件质量的衡量标准有三个维度：符合目标、符合要求和符合实际需求。符合目标具体指软件开发前要制定产品目标，目标是软件质量的基础，不符合目标就说明软件不具备质量。符合要求指软件要制定一些设计与开发的标准，用来指导与评价软件的整个开发过程。符合实际需求指软件中往往隐含了一些需求并在需求文档中没有被提出，如软件的可维护性等，因此，软件在满足精确定义的需求的同时还要满足隐含的需求。

2. McCall 软件质量模型

在 McCall 的软件质量模型中 [93]（见图 5-33），软件的属性包括软件评测的 11 个具体指标。可维护性指在使用环境发生变化后，软件具有根据需求来调整运行状态的能力，当软件中出现新的错误时，软件自身可以进行诊断并提示用户进行相应的操作。可测试性指软件可以被测试，用来评估未来要发版的正式产品。灵活性指一款软件在开发时或开发后是否容易被修改。可移植性指一个软件从一个操作系统移植到另外的操作系统中的工作量大小与难易度。可复用性指软件中的某种功能模块要重复使用并引入其他的程序中的时间与难度。互连性指软件要可以与互联网、其他的系统、软件做到数据的互联互通，软件要提供特殊的接口以符合其他系统的要求。产品运行包括正确性、可靠性、效率性、

[93] McCall J, Richards P, Walters G. Factors in software quality[M]. Walters, 1977: 15–55.

可使用性和完整性。正确性指软件在预定的环境下，可以完成规定的任务目标，这要求软件本身没有错误。可靠性指软件可以在规定的时间内、规定的次数内、规定的频率下持续运行的程度。效率性指软件为了完成特定的功能而需要计算机的资源数量。可使用性指用户学习、使用软件所花费的精力的多少。完整性指对于软件内数据的保护，当软件遭受到意外的破坏时，软件可以避免数据丢失的能力。

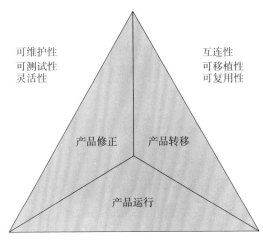

图 5-33
McCall 软件质量模型

3. Boehm 软件质量模型

Boehm 于 1976 年提出了软件质量模型[94]（见图 5-34），模型中的高层属性包括可移植性、可用性与可维护性。Boehm 于 1983 年提出了软件工程的七原则（Seven Basic Principles of Software Engineering），这七条原则与标准对现今的软件快速开发具有十分重要的参考价值。原则一，对软件进行生命周期的分阶段管理。具体的实施办法为：制订项目总计划；划分项目的生命周期，为每个周期做计划；计划要分层次地细化；要坚持计划，不能半途而废。原则二，执行持续的评估与确认。具体的实施办法为：一是尽早发现错误，最好在编程之前发现，越早发现修改

[94] Boehm B W, Brown J R, Lipow M. Quantitative evaluation of software quality [J]. In Proceedings of ICSE2, 1976(10): 592-605.

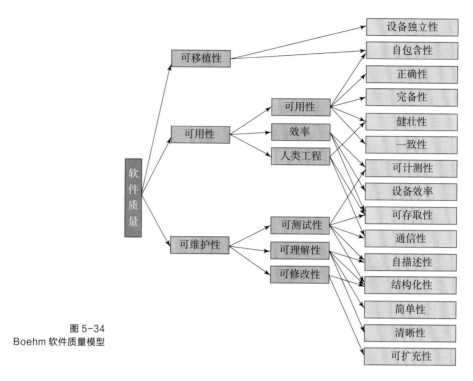

图 5-34
Boehm 软件质量模型

的成本越低。二是具有发现错误与修改错误相应的措施。这就需要为产品进行精确定位，制定产品操作规范，制作低保真与高保真原型，进行测试与讨论，进行设计审查与专家走查结合评估。原则三，坚持规范的产品控制，可以使用现场客户评测与产品经理负责制共同实现产品的需求。原则四，使用现代化的编程方法，保证软件的效率与质量。原则五，坚持责任清晰，对于项目中的各个模块，项目中的各个周期都要落实到个人，个人要对产品做出自己的承诺。原则六，尽量精兵简政，使用少而精的项目人员。具体的解决办法是：不要通过中途加人的方法解决产品进度问题；项目初期参与的人员不可太多；为产品实现高性能提供人员高的回报；逐步淘汰不适合的项目人员；使用自动化的辅助工具以提高效率。原则七，坚持在产品开发的过程中进行改进。

4. ISO/IEC 9126 软件质量模型

ISO/IEC 9126 软件质量模型于 2001 年制定，可以分为内部质量和外部质量模型（见图 5-35）与使用质量模型（见图 5-36）。软件的内部质量和外部质量包含六个质量特性，使用质量包含四个质量属性。外部质量度量指通过测试人员使用测试软件，观察软件执行特定任务的过程，评估其执行系统行为的结果。内部质量度量指在软件编程与设计的过程中，通过对中间产品的静态分析来测量其内部质量特性，内部质量度量是为了确保外部质量与使用质量。使用质量度量指通过用户在特定的环境下使用软件产品，从用户使用的角度对软件的质量提出要求，使用质量主要面向用户的使用绩效，而不是软件自身。

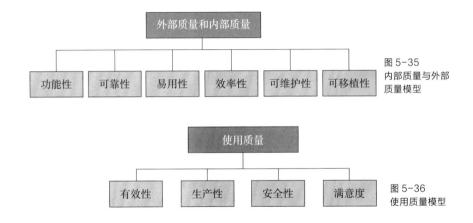

图 5-35 内部质量与外部质量模型

图 5-36 使用质量模型

5. ISO/IEC 25010 软件质量模型

ISO/IEC 25010 软件质量模型新增加了软件产品使用质量（见图 5-37），将其划分为五个特征，同时针对软件产品质量（见图 5-38），增加了新的度量子特征。使用质量指用户在实际应用的环境中，软件可以帮助用户有效地、高效率地、安全地、满意地完成其任务目标的能力。从模型中描述的内容可以看出，软件产品质量模型主要是从产品自身的角度对产品提出的质量要求，指出产品要具备高质量必须具备的特质。从软件用户黏性角度分析上述两个模型，我们会发现即使移动应用完全具备上述两个模型的描述特质，也不一定会对用户产生黏附作用。但移动应用中如果不包含上述两部分内容，就一定不会对用户产生黏性。因此，ISO/IEC 25010 应用质量模型的内容与用户黏性之间的关系为前者是后者的必要不充分原因。

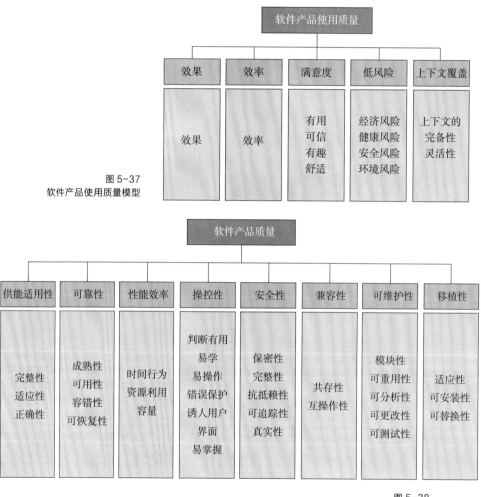

图 5-37
软件产品使用质量模型

图 5-38
软件产品质量模型

二、基于软件质量的用户体验设计模式总结

1. 软件使用质量

（1）移动应用应该具备产生效果的特性。效果（Effectiveness）

是指一个应用软件目标是否达到的度量，对于用户而言，软件要产生效果就必须可以完成用户制定的任务，这是软件存在的价值。如果移动应用在软件评测的多方面很优秀，但用户使用后没有效果，那么软件必将被用户放弃。例如，用户想在某应用中购物，但该应用不提供支付系统，那么用户就没有完成预先制定的购买任务，即软件没有产生效果，最终软件会被用户抛弃。

（2）移动应用应该具备高效率的特性。效率（Efficiency）指工作产出与投入之比，就是在通过软件进行某任务时，取得的成绩与所用时间、精力的比值。用户使用软件的过程中要求软件可以高效率地帮助自己完成制定的任务，这对软件产品提出了非常具体的要求，如软件应该提供尽量简洁的操作步骤、软件的反应速度应该足够迅速、软件的功能应该显而易见等。高效率相比于产生效果是更高一个层次的要求，要求软件在产生效果的前提下更加快速地帮助用户完成任务。

（3）移动应用应该让用户感到满意。一是用户使用软件后应该认为产品是有用的。有用性是十分广泛的含义，包含了用户对软件产品满意程度的总体评价。用户认为软件有用意味着软件对用户是有价值的，这种价值对于每一位用户都有所不同。用户价值可以包括生理需求相关的低层次价值，也可以包括精神层面的高层次价值。因此有用性是相对宏观的评价指标，也是用户的主观评价指标，很难量化处理。移动应用的有用性可以采用定性的方法进行研究。二是用户认为自己使用的软件是可信的。软件的可信性也是用户对于移动应用的一种感知，即所使用的软件产品是值得信赖的。三是用户应该认为产品是有趣的。移动应用产品的有趣性是相对高层次的评价指标，产品要想让用户感觉有趣，就要在实现其基本功能的前提下在自身个性方面有所提升，如产品提供一些新颖的互动功能或提供一种全新的使用方式。值得注意的是，满足个性功能需求之前产品首先要满足用户的基本功能需求。四是用户使用软件后应该认为产品是舒适的。产品的舒适性主要体现在产品要符合人因工程学的基本要求，如字体的大小、界面的色彩、用户点击的距离等。另外，舒适性也体现在软件对于任务顺序与使用强度的优化，因为只有任务流通畅并符合个人的基本认知要求，人们才会认为使用软件完成任务是舒适的。这种舒适性是用户产生满意评价的前提与基础。

（4）移动应用应该降低用户使用产品所产生的风险。一是移动应用要降低用户使用的经济风险。用户在使用移动应用中所面临的经济风险主要包括移动支付中所产生的经济损失，还包括由于软件的脆弱性导致用户的资料与相关文件丢失，从而致使用户产生严重的经济损失等[95]。避免经济风险对于可以在线交易的软件十分重要，如金融、股票、支付类的软件产品。为避免经济风险，一方面要增加目标软件的健壮性与安全性，另一方面要防止其他病毒软件与插件的侵入。二是移动应用要降低用户的健康风险。健康风险来自用户长期使用软件所产生的不良姿势习惯带来的身体损害，也来自软件自身没有充分考虑人因工程学问题而对用户产生的身体损害。移动用户最容易产生的习惯是长时间低头看手机屏幕，这将对用户的视力产生很大负面的影响，同时会对颈椎造成很大的损伤。因此对于一些需要用户精确输入的软件，设计安装在PC端较好，这样一方面效率较高，另一方面不会对用户的身体造成损害。三是移动应用要降低用户的安全风险。在移动应用中，安全风险主要来自用户的信息安全风险。由于移动应用多数是与网络连接的，用户很容易出现误操作并泄露自己的隐私，因此软件建立有利于用户信息安全的防护措施十分必要。在移动终端中，用户的信息可以通过多种渠道泄露出去，如软件要求强制打开摄像头、软件要求用户连接GPS定位系统、软件要求共享用户的电话簿与信息记录，有的软件还要求用户打开更大的权限，如手机的root权限。软件的这些要求对于用户的信息是十分不安

[95] ISO. ISO/IEC 25010 [EB/OL]. [2015-3-20]. http://www.iso.org/iso/home/store/catalogue_tc/catalogue_detail.htm?csnumber=35733.

全的，因此在设计时要尽量避免。四是移动应用要降低用户的环境风险。环境风险是指用户所处的使用环境风险性，软件对其使用的环境要进行精确的规划，要为用户创造一个最安全的使用环境。如地铁不是用户操作涉及支付软件的合适环境，上班时间不是用户浏览娱乐或购物类网站的合适环境，所以，软件应考虑用户的客观环境需求以避免不必要的风险。

2. 软件产品质量

（1）移动应用应该减少对硬件与资源的依赖。首先，产品应该减少对硬件资源的占用，如在安装时产品应该占用更少的存储空间，运行时应该占用更少的内存与 CPU 资源，用户不必时刻提醒自己关闭产品以空出更多的系统空间来提高智能终端的运行速度。其次，产品应该减少对网络资源的利用。因为移动产品与桌面端产品的重要区别是在移动中或未知环境下应用，在很多环境下用户很可能没有 Wi-Fi 信号支持，用户如果只有连接网络才能使用目标产品，就会大大限制产品的适用范围，这会迫使用户打开移动网络从而增加用户的使用成本。如果用户使用的产品可以在联网的情况下即时推送一些重要内容，在没有网络的时段可以观看，那么产品的适用性就会增加，如 ZAKER 软件提供的离线下载功能。

（2）移动应用应该具有广泛的通用性，这种通用性体现在产品可以运行在各种操作系统中，同时产品要适配于不同的屏幕尺寸。首先，移动应用如果具有跨平台特征就会得到更广泛的使用。用户可能会使用不同的操作系统打开软件，如 Windows、iOS、安卓等，移动应用要想在不同的系统中运行，代码必须重新编写，这无疑会给企业或者个人开发者带来不小的压力。对于有经济实力的开发团队，开发的移动应用最好可以跨平台，适用于不同的操作系统。软件运行于不同的系统，本身是孤立的，我们还要把各种平台的产品联系起来，这就需要建立基于产品的后台与服务系统，通过云服务使各平台软件的数据实现共享，这样可以增加用户的黏度。对于个人开发者，开发跨平台的产品显然成本过高，其可以开发依附于浏览器的 HTML5 应用，这种应用的优势是产品体积轻盈，不用占用用户的存储资源。另一个好处是可以在不同的平台上运行，只要平台上安装了网络浏览器即可。不足之处是软件必须有网络的支持，没有网络软件会打不开。其次，软件要可以适配不同屏幕尺寸与不同分辨率的要求。用户使用软件要依托硬件的屏幕，一方面，屏幕的尺寸对用户的使用感受十分重要，用户对不同尺寸的屏幕会产生不同的期待。当屏幕变大时，例如平板电脑，用户会希望在界面中发现更多的功能与细节信息，因此直接把手机程序移植到平板电脑中的做法显然是不合理的，因为手机程序往往缺失细节信息，在平板中不符合用户的期待。另一方面，近几年屏幕分辨率快速提高，这对软件提出了新的要求。软件在设计时要对不同的分辨率进行适配，这样才能在不同型号的移动终端中呈现出最佳的效果。如果软件没有进行适配处理，那么针对一些终端硬件，就会出现界面虚化或者界面溢出的软件缺陷，这将是很差的用户体验。

第五节　用户体验设计模式的维度与结构化特征

一、核心维度

在促进产品黏性形成的核心维度中，可以将用户习惯相关的用户体验模式归纳为 27 个具体的设计原则，如表 5-1 所示。原则 1~10 是从用户在习惯习得的注意过程中提出的；原则 11~15 是从用户在习惯习得的保持过程中提出的；原则16是从用户在习惯习得的复现过程中提出的；原则17~18是从用户在习惯习得的动机过程中提出的；原则19~25是从习惯的相对稳固性与可变性特征角度提出的；原则26~27是从习惯的情境特征角度提出的。

表5-1 基于用户习惯的用户体验模式

核心维度1：基于用户习惯的用户体验模式	
1. 操作应独特而简单	15. 利用层级组织体系组织信息
2. 借助流行元素	16. 产品要适合用户的能力
3. 适应人类原始本能	17. 产品要帮助用户安排活动
4. 适当的奖励	18. 产品要帮助用户设立评价标准
5. 寻找爱好相同的人或事物	19. 产品要帮助用户识别自己的习惯
6. 展示强势社会群体	20. 产品可以帮助用户形成改变习惯的欲望
7. 培养高知识结构人群	21. 产品可以解释旧习惯的成因
8. 考虑过去知觉定式	22. 产品要用正面信息取代负面信息
9. 考虑弱势人群的行为	23. 产品要帮助用户制订计划
10. 寻找先前受到强化的行为	24. 产品要不断鼓励用户
11. 图像更容易被快速记忆	25. 为用户在退出之前制订一个应急计划
12. 文字可以被深刻记忆	26. 考虑用户的下意识行为
13. 界面中的图形应差别明显	27. 考虑习惯形成的情境条件
14. 利用联想组织体系组织信息	

与用户沉浸体验结构化特征相关的用户体验模式归纳为微观沉浸体验与宏观沉浸体验，如表5-2所示。微观沉浸体验是一种轻度的沉浸感受，这种感受具有休闲的性质，用户有可能在使用应用的过程中会随时地分心于其他活动。宏观沉浸体验是一种完全投入的精神集中状态，在这种状态中用户会忘记时间与周边的事物。在针对微观沉浸体验归纳的11个设计原则中，原则1从挑战与技能之间的关系角度论述，微观体验对于技能与挑战的要求并不高，只要做

到平衡就可以；原则 2~5 是从用户的认知风格角度分析微观沉浸体验；原则 6~8 从移动应用使用的情境因素角度分析；原则 9~11 从内在动机角度阐述用户进入微观沉浸体验的条件。在针对宏观沉浸体验的 11 个原则中，原则 1 描述的是对技能与挑战的要求，宏观沉浸体验对于挑战与技能都要求很高，用户必须同时具有高技能并面临高难度的目标时才会产生宏观沉浸体验感受；原则 2 是从人格特质角度论述的；原则 3~4 是从产品使用的人机交互角度进行的要求；原则 5~6 是从用户使用产品时的情境因素进行描述的；原则 7~11 通过满足用户的内在动机进而促成用户宏观沉浸体验的形成。

表 5-2 基于沉浸体验结构化特征的用户体验模式

核心维度 2：基于沉浸体验结构化特征的用户体验模式	
微观沉浸体验：	宏观沉浸体验：
1. 技能与挑战的平衡	1. 高挑战与高技能
2. 适应场独立与场依存型认知	2. 适应人格特质
3. 适应沉思与冲动型认知	3. 明确的反馈
4. 适应整体与分析型认知	4. 明确的目标
5. 适应语言与形象型认知	5. 偏好的任务类型
6. 融入物理情境	6. 考虑先前状态
7. 融入社会情境	7. 减少监督与限制
8. 融入时间情境	8. 面向低龄人群
9. 非枯燥的任务类型	9. 适应技能的多样性
10. 保证工作的重要性	10. 保证工作的完整性
11. 减少监督与限制	11. 保证工作的重要性

在基于主观规范的用户体验模式中，如表 5-3 所示，原则 1~3 分别根据主观规范理论中参照群体的信息影响维度、功利影响维度、价值影响维度进行要求；原则 4 来源于主观规范的外部影响理论，认为用户要受到大众媒体的影响，进而改变行为；原则 5 来源于面子协商理论，这是从用户扮演社会角色的角度进行要求的。

表5-3 基于主观规范的用户体验模式

核心维度3：基于主观规范的用户体验模式	
1. 熟人圈子推荐	4. 增加媒体影响
2. 增加功利影响	5. 维护用户扮演的社会角色
3. 增加价值影响	

二、基本维度

基本维度可以被理解为对移动应用质量的要求，质量具体可以分为用户使用质量（见表5-4）与移动应用产品质量（见表5-5）。前者是从用户使用感受角度对移动应用提出的要求，后者是从移动应用产品自身的角度制定的规定。如果目标产品满足移动应用的基本维度要求并不能保证该应用产品具有黏性，但如果目标产品不能满足这些基本维度的要求，则该应用产品一定不会具有黏性，因此，满足基本维度中的原则是移动应用具有黏性的基础保证。

表5-4 基于移动应用使用质量的用户体验模式

基本维度1：基于移动应用使用质量的用户体验模式	
1. 产品应该产生效果	7. 产品可以降低用户的经济风险
2. 产品应该具备高效率	8. 产品可以降低用户的健康风险
3. 产品应该让用户满意	9. 产品可以降低用户的安全风险
4. 产品应该让用户可信	10. 产品可以降低用户的环境风险
5. 产品应该让用户觉得有趣	11. 产品应该减少对硬件与资源的依赖性
6. 产品应该让用户舒适	12. 产品应该具有广泛的通用性

表5-5 基于移动应用产品质量的用户体验模式

基本维度2：基于移动应用产品质量的用户体验模式
ISO/IEC 25010

06

第六章
用户体验模式的分析与评估

移动应用黏性与用户体验设计模式研究
Mobile Applications Stickiness and
the Design of User Experience Patterns

第一节 评估准备

一、评估技术与思路

本次评估所采用的技术是焦点小组访谈，评估中会直接询问用户是否喜欢该软件，软件是否具有美感，以及用户在使用中遇到的各种问题。评估将问题进行结构化处理，问题的结构化过程依据来源于对相关文献的分析。整个评估的思路是针对上文总结的用户体验模式进行逆向评估，逆向评估是相对于正向评估而言的。正向评估一般指已知评价标准或已有明确的量表，针对要研究的问题，根据量表的标准进行评估，从而发现被测是否具有某种性质。另外，评估同时采用高黏性移动应用与低黏性移动应用数据对比的方法进一步验证研究结论的精确性。例如我们可以根据现有的量表对某款移动应用的黏附性进行评估，从而测量该应用产品的黏附系数。但遗憾的是这种量表或标准在学术界还没有得到系统的总结，这也是本书要探寻的主要内容。因此本书从逆向角度对移动应用进行评估，即研究拥有高黏性的移动应用所具有的性质与特征，这些性质与特征构成了评测黏性的标准。

二、评估样本的选择

本书将选择高低不同黏性特征的典型移动应用，高黏附性产品的选择方法是选取在中国区 iOS 应用商城、Google Play 应用商城、Windows 应用商城中同时在应用专有类别中下载排名前

20 的应用作为评测对象，同时应用的业务领域要有所区别，并可以代表主流的移动应用类别。本书选取的四款产品分别为微信、淘宝、优酷与植物大战僵尸（见图 6-1）。在考虑下载量的同时，本书还针对 10 位在校大学生进行了集体访谈，结果证明在他们的智能手机中微信的安装率高达 90%，淘宝的安装率也达到 80%，优酷的安装率为 40%，植物大战僵尸的安装率为 10%。考虑到游戏类的移动应用周期性较强（购买一周内集中使用），因此将植物大战僵尸也列为研究对象。

图 6-1
微信、淘宝、优酷、植物大战僵尸移动应用

同时，经过进一步确认，这 10 位同学都使用过上述四个软件，因此可以针对这部分用户进行征求意见。微信是现今在中国被使用最广泛的社交类移动应用，由于其创新的用户体验与更贴心的功能，现已取代新浪微博成为中国用户量最大的社交软件。淘宝是我国规模最大的网络购物商城，它的诞生与成长促进了中国网络用户养成网络购物的习惯，本书评测的是淘宝网站的移动客户端，还包括淘宝针对手机浏览器进行优化过的触屏版网站。优酷是一个视频网站，其服务形式类似于 Google 的 YouTube，主要通过为用户提供免费或付费的视频来实现盈利。植物大战僵尸是一个塔防类游戏，游戏通过满足用户技能与游戏难度之间的平衡来吸引消费者，是一种具有高水平沉浸体验的应用程序，同时是被测产品中唯一的收费才可以下载使用的产品。

低黏附性产品的选取原则是必须在各应用商城中排 100 名之外的产品，同时必须符合以下标准：在 10 名在校大学生的手机中同时没安装该移动应用；10 名学生都没有使用过该产品；10 名学生都表示不愿意尝试该产品；被测的四款低黏附性产品还要具有与高黏附性产品一一对应的产品类别。因此，本书选择的四个低黏附性移动应用分别是私信、优购商城、爱看视频、合金塔防移动应用（见图 6-2）。私信是一个真实交友的社交软件，旨在方便好友之间随时随地保持顺畅沟通。优购商城是一个以优质、时尚为网站定位的大型 B2B 电子商务平台，被测为其移动客户端软件。爱看视频是一个主打海量高清视频的门户网站，其内容包括央视、各卫视、各地方台等。合金塔防是一个射击策略的塔防类游戏。

图 6-2
私信、优购商城、爱看视频、合金塔防移动应用

三、评估问题设置

针对移动应用用户黏性，本次评估所采用的技术是针对用户的半结构化访谈，在问题设计时，应该尽量不暗示答案。在访谈期间，访问人尽量保持沉默，给受访人说话的时间。访问人还可以使用探测性的问题，以搜索更多的有价值的信息。

问题的设置格式如下：

• 你是否可以通过使用微信完成自己的预定任务？

请选择：□可以完成　□不能完成　□不确定

• 为什么？

如果上题选择"可以完成"，那么以下哪些陈述符合你的看法？

□微信可以促进我的社交圈子

□微信具备高效率

□使用微信使我满意

☐微信是值得信赖的

☐使用微信是有趣的

☐其他原因（请说明）

如果上题选择"不能完成"或"不确定"，则请直接陈述自己的看法。

另外，评估同时采用量化方法进行软件黏性的维度与结构分析。我们采用的量化方法是通过被试者选择软件的维度与结构化特征的题项进行打分，打分的标准是该应用是否具有题项中所描述的特征，如被试者会被问到"使用微信时是否认为微信操作独特而简单"，我们得到的结果将有3个：是（1分），不是（-1分），不确定（0分）。首先通过计算10个被试者的平均值总结该问项得分；然后将各个项目的得分进行相加，得到该软件的最终黏性分数。

第二节　促进黏性形成的用户体验设计模式核心维度分析

一、高黏性移动应用产品的用户体验模式分析

1. 微信

（1）微信功能概述：可以发语音、文字消息、表情、图片与视频；具有朋友圈功能，可以和朋友分享生活内容；摇一摇功能可以查看附近的人，可以结交陌生朋友；扫一扫功能可以扫描二维码，减少生活中的记录烦恼；公众账号功能可以关注自己感兴

趣的明星、企业与活动等；游戏中心可以提供与朋友一起玩游戏的平台；表情商店可以为用户提供更多的个性表情（见图6-3）。

图6-3
微信功能概述

（2）微信的沉浸体验结构分析：微信的沉浸体验结构主要属于微观沉浸体验，即人们可以随时随地将意识转移出去。但随着微信功能的不断扩展，微信还提供了游戏功能，这些功能可以使用户逐渐进入宏观沉浸体验。在微信中，用户想要玩这些游戏，也需要下载，因此，在我们的评估中，我们并没有将游戏功能作为微信的主要功能，没有针对游戏模块进行相关的评测。

①技能与挑战的平衡。微信产生的轻度微观沉浸体验是由于用户在低技能要求与软件的低挑战之间找到了平衡。微信的主要用户集中在中国，如今我国各个年龄段、各种职业的人群都在使用微信作为交流的工具，这主要是由于使用微信所需的电脑技能与文化知识门槛很低，同时微信软件还尽可能地减少软件的操作逻辑。例如即使是年龄大的用户，没有学过汉语拼音，不能打字，他也可以通过语音与视频进行聊天，这几乎不需要任何学习成本。

②适应场独立与场依存型认知。微信同时适合于场独立与场依存型认知人群，场独立型认知风格的用户很好满足，一般只要功能合理的程序都可以使他们适应，因为他们有很强的独立学习能力。微信的软件心理模型与操作逻辑十分简单，其界面是典型

的页签选择布局，用户可以通过点击页签进行页面的跳转，因此它一定可以适应场独立型认知人群的需求。另外，微信中的漂流瓶功能与附近的人功能更可以满足人们的好奇心，可以在不同的时间、不同的地点进行交友。

③适应沉思与冲动型认知。微信向用户所推送的内容多数是简短的信息，这主要体现为朋友之间的互动交流。微信在语音输入方面有时间控制，限时是一分钟，这大大加快了人们的交流频率与效率，促进了人们的互动。这种简短的交流方式非常适合冲动型用户的习惯，因为他们能更加快速地得到对方的回复，这种交流方式相比传统的短信交流更加流畅。另外，面向沉思型用户，微信中的语音传输是一种很好的交流方式。微信可以转发网站的详细信息，并可以储存用以再次观看，由此可见，微信同时适合沉思型与冲动型的用户。

④适应整体与分析型认知。整体型（Holistic）—分析型（Analytic）认知方式（Cognitive Style）理论是近几年被广泛用于解释用户行为差异的理论之一。采取整体型认知方式的用户在加工信息的过程中，倾向于关注事物之间的联系，不善于从复杂的关系中提取个体信息。采取分析型认知方式的用户则注重事物的本身，倾向于从整体中分离出个体（Peng，1997）。整体型认知个体更善于认知情境，分析型认知个体更喜欢分析事物的相同与不同。微信提供公众账号功能，当用户申请了这个公众账号时，它将面对所有的人，所有的微信用户都可以关注此公众号，这是一种不区分人群的信息传播方式，这种方式提供了一种情境，面向特定的人群。

⑤适应语言与形象型认知。在微信的朋友圈功能中，设计者更倾向于让用户交流图片而不是文字，因此，微信对用户输入后发送的字数是有限制的。这是由于微信的定位与微博有很大的不同，虽然都是展示自己生活的自媒体软件，但微博更倾向于使用

文字而不是图片，其目的是推广自己的意识与理念。微信与微博不同的是它更关注时效性，关注生活的变化，记录自己的即时状态。因此我们常常在微信中使用更多的图片，然后配以少量的文字。但在微信群中、微信个人对个人的交流中，用户却常用文字作为交流手段，这时，微信很大一部分替代了手机的短信功能与QQ聊天功能。因此，我们认为微信可以同时满足语言型与形象型认知用户。

⑥融入物理情境。微信可以在最枯燥的地点，帮助人们转移注意力、轻松地度过这段时光。如人们乘坐公交或地铁是最枯燥乏味、最辛苦的体验，我们可以看到，在中国，人们坐地铁打发时光最主要的手段就是浏览微信，微信可以使人们沉浸在朋友圈的趣事中，从而暂时忘记旅途的辛苦。但我们也不可回避一些事实，由于人们对于微信的过度依赖，人与人之间的很多正常感情沟通机会正在逐渐减少。如十几年前，人们习惯于全家一起吃饭，在这段时间，亲人可以沟通互动。但现在的现实情况是每个人在饭桌上都拿着手机，对其他人漠不关心，这种由于微信依赖带来的沟通障碍还要学术界进一步研究，从而进行有效的行为纠正。总之，用户可以在地铁里、饭桌上、茶馆、睡觉前等多种环境使用微信，因此微信可以融入物理情境。

⑦融入社会情境。用户使用微信很大程度是受到了周围朋友的影响，因此微信可以融入社会情境。

⑧融入时间情境。用户可以在一天中的不同时间段使用微信，同时可以在一年内的不同月份使用该产品，因此微信可以融入时间情境。

微信的主要功能是交友、游戏、阅读，因此微信提供的并不是枯燥而单调的任务，微信的任务类型符合微观黏性的要求，如表6-1所示。

表6-1 微信的沉浸体验结构分析

沉浸体验要素	图例	分析
技能与挑战的平衡		用户使用微信并不需要大学学历或某些专业知识，人们进入微信界面，只需要搜索电话本中的好友或搜索附近的人就可以与人进行沟通
适应场独立与场依存型认知		微信与手机电话簿的链接与好友的推荐功能符合人们的从众心理，因为电话簿中的好友是较为可靠的，这些功能适应场依存型用户
适应沉思与冲动型认知		沉思型用户的交流习惯是尽可能地避免一些语言表达错误，尤其是中国用户更加注重语言的话外之音。这种不与互动方直接进行即时的语音交流，而是回合间断交流，可以为用户提供更多的思考时间
适应整体与分析型认知		微信提供了好友群与朋友圈功能，软件从朋友的范围与类别角度为交友进行了范围分析，同时软件还提供了私人聊天的功能，因此微信同时符合整体与分析型用户的认知习惯

续表

沉浸体验要素	图例	分析
适应语言与形象型认知		微信与微博不同的是，它更关注时效性，关注于生活的变化，记录自己的即时状态。因此，我们常常在微信中使用更多的图片，然后配以少量的文字
融入物理情境		用户可以在地铁上、饭桌上、茶馆里、睡觉前等多种环境使用微信，因此微信可以融入物理情境
融入社会情境		用户使用微信很大程度是受到了周围朋友的影响，很多企业使用微信传输文件，因此微信可以融入社会情境
融入时间情境		用户可以在一天中不同的时间段使用微信，同时可以在一年内的不同月份使用该产品，因此微信可以融入时间情境

（3）微信的用户习惯分析：微信的操作主要是通过软件下部的导航栏进行功能切换，功能的入口是四个按钮，分别为微信、通讯录、发现、我。软件导航与操作符合移动应用的通用标准。另外，微信还提供了独特的交互方式，即"摇一摇"，因此微信具有操作独特、简洁的特征；微信从整个软件架构到界面的展现，对流行元素的体现不明显，但在微信的内容中，用户可以通过朋友圈共享最新消息，可以充分地体现社会生活与社会文化的流行元素。因此，微信的内容具备明显的流行元素成分，并可以创造与传播流行元素；微信的漂流瓶功能很大一部分是为了结交异性，尤其是陌生的异性朋友，因此微信可以满足人们的原始本能需求；微信提供了适当的奖励机制，例如抢红包、新年促销等购物活动，因此可以鼓励人们经常关注微信；在微信中，用户可以通过朋友圈添加与自己爱好相同的朋友，但此功能由于私密性原因受到了限制，没有微博拓展朋友迅速，但微信的优势是可以保留朋友动态的高关注度与高活跃度；在微信中，可以通过公众账号关注社会的强势群体，如用户可以通过公众账号关注自己的偶像；微信可以实时关注国内外时事，如微信中内置的腾讯新闻，每天更新新闻信息，同时可以了解娱乐与学术等方面的最新动态，因此微信有利于人们拓展知识面。

从知觉定式角度分析，微信借助于人们对微博与QQ的习惯，使其不需要在我国重新培养用户使用社交软件的习惯；微信是社会弱势人群的主要交流工具之一，因为微信交流不需要花费额外的通信费用，可以大大节约人们的使用成本。在中国，大城市中的打工族使用微信的频率非常高：微信可以联系老乡、解除工作的疲劳，还可以作为交友的工具；近几年的中国网民已经养成了时刻看手机、刷微博的强化特征。微信主推手机端的应用，并将微博作为超越对象，在继承了微博优点的同时，使社交更加私密化，因此我们可以推论微信发现并利用了先前受到强化的行为；微信用图像来展示人们的实时动态发布，因为设计者认为在短时间内人们更倾向于观察图片而不是文字,由此推论微信利用了图形的可快速记忆性原理;微信中发送的文字相对比较简短,很多文字表达的是一些人生感悟,或互联网中的一篇文章转载,文章很少超过500字,由此可见,微信中的文字不适合传播复杂的知识与技能,因此微信的文字并不能被人们深刻追忆。微信界面中的文字与图形并不复杂,分类较合理,图形与图形之间的间距较大,用户可以清楚快速地区分不同的功能模块。

微信的内容利用了联想信息组织体系,如微信的钱包功能模块就包含了手机支付、彩票、微信红包、吃喝玩乐等与钱包相关的子功能;微信的内容很少利用层级组织体系,其内部功能层级较浅,这样设计有利于用户快速地寻找功能,而不必在界面中不断地切换。但在软件的设置功能模块中使用了层级组织体系,这样可以使用户在较复杂的设置过程中不至于迷失方向;微信产品的使用门槛很低,用户甚至不需要掌握汉字或拼音,直接通过语音就可以顺利地发送信息,并能在其中发现乐趣;微信没有提供用户长期不使用软件时的应急机制,微信使人们不断地产生浏览意愿的主要机制是依靠朋友之间的信息不断更新与个人展示自己生活动态来实现的;微信充分利用了人们习惯摇一摇手机以发现新鲜有趣事物的行为,这种行为已经在近几年的年轻人中成为一种下意识行为,因此微信利用这种行为赋予"摇一摇"更多的功能,满足人们的猎奇心(见图6-4)。

图6-4
微信的用户习惯分析

（4）微信用户的主观规范分析：微信的快速发展是整合腾讯公司的QQ软件和手机电话簿内的好友资源的结果。微信可以搜索QQ内部的好友以添加关注，这无疑减轻了朋友圈的添加难度，同时保证了微信中的好友是用户真正亲密的朋友。而电话簿的引入拓展了朋友圈的范围，使用户经常联系的朋友可以轻松加入微信通讯录；使用微信可以拓展用户的人脉关系，同时企业与个人还可以通过微信建立公众账号以宣传自身，因此微信具有显著的功利性影响；申请微信账号的人群中一部分是根本不使用网络进行聊天的用户，这部分人往往是让别人替自己申请账号，申请后也很少会用，但他们却一定要拥有微信账号，因为这样会显示自己与时俱进或较贴近身边群体。因此，拥有微信不会提高个人的身份与价值，但不使用却有可能使自己的价值降低；微信不断地增加自己在各大媒体的影响力，如微信经常在大城市的电梯中做广告、在电视娱乐节目中做广告，这些都体现了微信对大众媒体的充分利用（见图6-5）；微信有利于维护个人的生活角色建立，如在软件内可以创建大学校友群、单位同事群，在微信中还可以限定用户的可见范围。因此，同样是用户的好友，只要他们没有互加微信，就看不到自己对朋友的留言。

图6-5
微信的媒体影响

2. 淘宝

（1）手机淘宝功能概述：手机淘宝简称淘宝，是一款满足用户生活与消费和在线购物的软件，功能包括查看附近的生活优惠信息、商品搜索、浏览、购买、支付、收藏、物流查询、旺旺沟通等在线功能,软件旨在成为用户方便快捷的生活消费入口。

（2）淘宝的沉浸体验结构分析：淘宝的沉浸体验结构属于微观沉浸体验,即人们在移动端购物与浏览商品时,可以随时地分心进行其他活动,例如打电话,当用户完成应急的活动后又会继续进行商品浏览的任务。用户要想顺利地使用淘宝,必须有一定的计算机基础知识,因为用户在网络购物的过程中要涉及与卖家聊天、移动支付、鉴别商家的信用等级、查看商品的详细信息等一系列较为复杂的活动,因此淘宝的沉浸特征是用户的中等操作技能与中等软件难度的平衡；淘宝在页面中具有对宝贝的详细介绍,因此具有独立支付能力的个体可以自主地找到自己心仪的产品,这满足了他们的探索欲望。对于喜欢借鉴他人购物经验的用户,淘宝提供了寻找与购买产品的平台,因此淘宝可以同时满足场独立与场依存型认知特点的人群；淘宝提供关注功能,用户可以关注自己心仪产品的价格走向,同时,可以在一段时间内更深入地考虑自己是否真的需要此商品,因此淘宝满足了沉思型用户的需要。而购物车功能可以使用户快速下单,拍得的商品只需几日就可以送到用户的手中,这恰恰满足了冲动型认知用户的需要。

淘宝可以同时适应语言与形象型认知的用户,在淘宝的商品展示方式上,界面采用精美的图片与详细的文字介绍相结合的方式传递信息。为了使用户可以更加清楚地了解店中的商品,界面中的每个商品都提供了多种角度视图,以利于用户选择。同时,在商品详图的周围还会配以对产品材料与工艺的文字介绍；淘宝除了是一个购物平台,可以方便人们购物外,还是一个浏览最新商品信息的资讯平台,浏览淘宝已经成为人们生活中的一种休闲活动,这与传统的逛商场类似。因此,淘宝可以适合于任何的物理与时间环境；淘宝已经融入了人们生活的社会情景,在中国,经常会有人交流淘宝上所发现的物美价廉的商品,或者有人愿意把自己经常光顾的优秀淘宝店铺推荐给别人,这些交流与推荐的行为自然地把淘宝带入了人们的生活圈子中；逛淘宝是一种典型的休闲活动，在商城中的购买行为可以满足人们对物质的追求，在商城中浏览可以满足人们的精神需求，有的人甚至连续浏览淘宝几个小时也不会觉得疲惫，因此使用淘宝并不会使人产生枯燥、厌倦的感受，相反，可以调动个人的兴趣（见图6-6）。

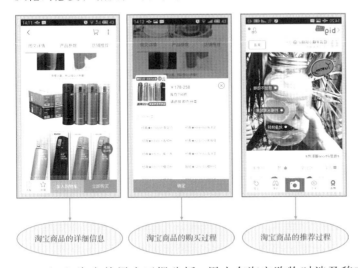

图6-6
淘宝的沉浸体验结构分析

（3）淘宝的用户习惯分析：用户在淘宝购物时涉及移动在线支付的安全性，其购买的过程需要安全认证，因此淘宝的操作步骤相对烦琐。与其他竞品电商如京东比较，淘宝的支付宝功能可以降低支付的资金风险，但淘宝必须在网络上支付，不能货到付款，这不利于吸引一些喜欢传统支付习惯的用户；淘宝经常会配合社会当前的流行元素进行促销活动，如淘宝经常会根据近期播放的电影进行主题销售，淘宝店家还会在服装的展示中聘请人气颇高的网络模特进行服装推广，淘宝也会根据中国的传统节日设计出不同的主题页面，以营造一种热闹的节日气氛。因此在淘宝中，社会中的流行元素被淋漓尽致地展示以吸引用户不断地关注；淘宝的购物功能本质上满足了人们对于物质的需求这一原始的本能。淘宝会在节日期间，组织各个卖家进行集体的打折活动，这一天人们会以最低的价格抢购自己心仪的商品，这种折扣回馈对于用户是一种奖励，用户会不断地受到奖励的鼓购买更多的商品；无论个人有什么样的兴趣爱好或者喜欢收藏什么样的物品，淘宝都会支持用户完成自己的心愿。如果用户爱好钓鱼，则淘宝中就会有相关的俱乐部供用户加入；如果用户喜欢收藏古董或邮票，则淘宝也有相应出售旧货的卖家，并提供优质的服务。因此，淘宝可以充分满足人们的兴趣爱好。

淘宝的营销活动经常借助偶像与明星的影响力，淘宝卖家经常会宣传自己店中销售的产品是某位明星正在使用的物品，并附上明星使用情境照片。这种利用强势人群的影响力改变用户的购买习惯，是淘宝中常见的营销手段；淘宝可以间接地促进用户知识结构的完善，在使用淘宝浏览购物的同时，用户可以了解各国的商品与风土人情，如在商品详细页面的介绍中，不但介绍了商品的材料与加工工艺，还描述了相关的文化底蕴，相对于传统购物，这种商品介绍方式使用户得到了更多的商品附加价值。另外，淘宝中学习资料的数量是传统书店不可比拟的，可以很好地支持用户进行自我能力提升。淘宝提供搜索历史记录作为补充，用户可以点击过去的搜索记录进行重新搜索。

淘宝充分地考虑了社会弱势群体的切实需要。首先，淘宝提供了比实体商场更加低廉的商品价格。其次，淘宝购物平台是一个足够让人信任的平台，如用户对货物不满意可以无理由退货，淘宝的信用评价体系可以对商家进行制约。最后，淘宝有支付宝对用户的资金进行保护。因此，社会弱势群体在淘宝购物可以保护自身的利益不受侵害；如果人们产生购物的意愿，那么购物前的准备活动必不可少，用户习惯短时期内连续关注某类商品。以购买电脑为例，用户会在几天内经常查询电脑品牌或价格，在这几天内人们的行为受到了强化，如果商家可以及时地发觉这部分用户的行为，那么卖家就更有可能成功地向用户销售商品。淘宝并没有在页面中满足用户的这种需求，原因是淘宝自身并不是一个自营的商场，而是一个购物平台，淘宝公司可以通过大数据得到用户的搜索信息，却不能向用户推荐具体的商家。

淘宝的搜索信息内容是以图片配合价格数字的形式展现的，

在用户进入详细页面后,软件提供销售数量的统计,提供单一商品的价格月度走势,提供买家对商品的购后图文评价信息,因此淘宝的商品展示既照顾到了商品图片信息,也添加了文字详细信息,符合人们的信息识别习惯;淘宝的界面以橙色色调为主,界面中的功能按钮与商品展示广告并没有因为商场所提供信息的复杂性而变得不可辨认;淘宝的主页设计正是利用了联想信息组织体系,如主页中的"爱逛街"信息模块展示的是当季服装的最新商品动态,"有好货"信息模块展示的内容是具有艺术品质的日用品;淘宝运用了信息的层级组织体系,如在搜索界面中,用户可以对商品信息进行过滤。以商品的销售地址为例,用户需要三层选择才能找到搜索商品的位置,这是典型的信息层级由高至低的展现方法;淘宝可以适应不同电脑技能的用户,以老人为例,他们会独立地浏览页面,然后让自己的子女帮助其支付;淘宝经常会通过手机的信息中心推送商品打折信息,这有利于用户及时关注淘宝,同时这也是一种退出提醒机制;淘宝容易使人们养成每日寻找购物机会的下意识行为,这在中国大城市的年轻人中已经成为普遍的习惯(见图6-7)。

图6-7
淘宝的用户习惯分析

（4）淘宝用户的主观规范分析：淘宝中的熟人圈子是通过阿里旺旺通信软件建立的，阿里旺旺可以连接淘宝的卖家与买家，通过阿里旺旺用户可以关注卖家店铺的最新动态；拥有淘宝软件并不能使用户直接得到物质价值，但用户却可以通过使用软件的商品购买功能间接地得到自己想要的价值。如用户可以通过淘宝解决生活中急需完成的任务，任务的完成说明用户从该软件中得到了功利价值；拥有淘宝软件并不能使用户直接得到附加价值与地位，但淘宝中销售相对廉价的名牌商品却可以实现人们对价值的追求。人们对于精神价值的追求是人们更多地购买商品以至于超出自身的消费能力的源动力；淘宝的媒体影响主要是通过传统媒体与网络媒体共同作用体现的，如很多资讯类网站介绍商品的购买链接直接指向了淘宝；使用淘宝软件并不会破坏个人在社会中所扮演的角色，相反可以促进社会关系的融洽。如在节日期间，用户会通过淘宝购买礼物快递送给亲朋好友，这种礼节性的行为促进了用户社会角色的稳固（见图6-8）。

图 6-8
淘宝的分享功能与媒体影响

3. 优酷

（1）优酷功能概述：优酷是一个视频网站，产品提供的功能包括在线播放剧集、综艺、电影、动漫、音乐、资讯、娱乐、游戏等；同时，优酷还提供急速离线缓存，支持微博、微信、朋友圈一键分享。

（2）优酷的沉浸体验结构分析：优酷的沉浸体验结构属于微观沉浸体验。使用优酷软件并不需要用户掌握计算机操作技能，用户只需找到心仪的频道,播放节目即可,因此优酷结合低挑战与低技能,从而产生沉浸体验。优酷可以同时满足语言与形象型认知特征的用户要求,优酷的内容库中提供了大量的影视内容,如旅游探索类节目,同时优酷也提供了经济论坛等语言类视频节目。优酷可以将视频离线缓存,因此该软件可以支持用户在各种环境中使用,不必依赖网络,可以融入物理情境。优酷的社交分享功能可以将用户认为有价值的视频分享到朋友圈中,这样优酷会被更广泛地使用,因此优酷可以融入社会情境。优酷的节目类别适应不同的时间情境,用户可以在不同月份或一天的不同时段使用。另外,优酷的节目是即时更新的,用户可以订阅某个节目并持续地使用该软件,因此优酷可以融入时间情境。人们使用优酷的任务是观看个人关注的视频,观看的动力是对新鲜事物的好奇心,因此观看视频可以被理解成一种休闲活动,并不属于枯燥的重复性劳动(见图6-9)。

图6-9
优酷的沉浸体验结构分析

(3)优酷的用户习惯分析:优酷软件与多数的视频软件类似,操作简单但没有独特的交互特征。优酷侧重于提供最新的节目内容,软件的操作只要符合基本的系统规范即可;优酷软件中时刻都会通过视频展示最新的社会流行动态,人们恰恰是想了解这些最新的流行事件才会倾向于使用网络视频软件，因为网络视频的更新速度要快于以电视为代表的传统媒体。优酷的内容涉及爱情、吃、穿、住、用、行等，这些内容时时刻刻都满足着人的原始本能。优酷中的视频搜索功能使用户可以找到心仪的视频，这些视频内容很大一部分是网友上传到优酷中的，因此用户可以通过视频拓展知识。优酷对于上传视频的用户并没有提供物质方面的奖励，但值得注意的是很多视频爱好者却还要坚持不懈地向优酷上传视频。一部分上传者是凭着自身的兴趣上传视频，目的是知识共享，另一部分上传者把上传视频作为创业的开始，有推销与展示的目的，如很多电脑培训机构会提供免费的视频教学作为企业的广告。

优酷的媒体内容中经常会表现强势人群的动态，这是很多用户喜欢观看的内容，如用户更愿意关注某国家元首的出访目的地与健康情况。优酷考虑了用户过去的知觉定式，在优酷的界面中提供了用户可能喜爱的相关节目信息，用户对某类节目的偏爱源于过去的知觉定式。优酷并没有对社会弱势人群提供明显的支持；优酷界面中的功能模块区分较明显，用户不需要在软件中进行尝试探索；优酷的功能分类中，除了采用频道类别为主的分类规则外，还采用了专题分类规则。例如软件推出了"带你穿越2014"专题，这种专题式的信息组织就是典型的联想信息组织体系；优酷采用层级式信息组织体系，优酷主页包含3个功能：个人中心、优酷首页与频道分类，而频道又细分为剧集、电影、综艺等26个频道，进入剧集频道用户可以选择韩剧、美剧、英剧、日剧等。这种层级式信息组织使人们很容易找到自己心仪的节目。优酷的退出提醒机制是向用户推送最新订阅内容，这会让用户第一时间观看推送的视频。

观看优酷的用户可以不具备电脑技能，优酷类似于网络电视，与电视操作难度相当；观看视频并不是用户每天必要的活动，且用户更关注于软件节目内容，因此该类型软件很难让用户产生下意识行为；当用户感到疲劳期待放松心情时或当用户处于枯燥的环境中，观看视频可以有效地缓解疲劳并消磨时光。因此，用户在下班的途中或者睡觉前使用该软件是合理的选择。无论优酷的设计者是否从情境的角度去设计产品，情境的适应性都是多数视频软件都具有的特征，区别在于视频内容优劣（见图6-10）。

图6-10
优酷的用户习惯分析

（4）优酷用户的主观规范分析：观看优酷内容并不能明显增加用户的朋友圈建立，因为观看视频是一种个人行为；观看视频可以为用户带来的价值是得到最新的时事信息，这使用户紧密贴近社会，但并不能明显地为用户带来更多的额外价值；优酷自身是网络主流媒体，因此我国很多网页中的视频链接最终都指向了优酷，这无疑增加了产品的点击率，如我们用必应搜索引擎搜索"苹果手机视频"，排名前12的视频中有8个来源于优酷（见图6-11）；优酷对于维护用户自身的角色并没有起到关键的作用。

图6-11
优酷视频是主流的网络媒体

4. 植物大战僵尸（Plants vs. Zombies, PVZ）

（1）PVZ功能概述：该软件是一款塔防策略类游戏，内容是僵尸即将入侵家庭，而唯一的防御方法是用用户栽种的植物防御僵尸。通过武装49种植物，切换它们不同的功能，更加有效率地将僵尸阻止在途中（见图6-12）。

图6-12
植物大战僵尸移动应用

（2）PVZ的沉浸体验结构分析：在评测的四种高黏性移动应用中，PVZ是唯一的可以产生宏观沉浸体验的软件。由于用户在使用PVZ软件时，精力要高度集中，有时甚至伴随着手心出汗等生理现象，因此我们可以判断PVZ是一款时间紧凑的具有宏观沉浸体验性质的移动应用。

PVZ具有软件的高挑战性与用户的高技能性相结合的特征，随着游戏难度的增加，用户的技能也随之增长，因此二者不断处于由不平衡到平衡的状态。例如，伴随游戏的进行，玩家对游戏的操控技巧逐渐熟练起来。这时，游戏中的僵尸数量与种类也会相应增加，并且会出现特殊的攻击方式，这些都为玩家不断地面对挑战并为战胜挑战提供了空间。因此，PVZ的沉浸体验是会随着游戏的进行逐渐增加的；游戏用户的人格特质倾向于勇于接受挑战并韧性十足，这些玩家喜欢不断地尝试，希望不断地体会新的刺激，该游戏正是给他们提供了这样一个机会，因此他们会对该游戏应用欲罢不能；PVZ反馈明确，用户并不会觉得自己与软件的交互会出现障碍，系统会根据用户的行为提供必要的反馈，如该软件产品可以在各种平台中获得准确的反馈，它可以运行在台式电脑、手机、平板电脑、XBOX、PSP 中,这说明该游戏在各个平台都进行了平台硬件的适配。

PVZ 具有明确的目标,用户要在游戏中不断地壮大自身以阻止僵尸的攻击;PVZ 中的任务类型属于即时操作,即任务必须在一定的时间内完成,因此这种模式需要用户投入更多的精力;PVZ 软件对于用户的先前状态提供了针对性的内容设计,主要体现为游戏的进阶难度并不是直线上升,而是波浪形上升趋势。游戏并没有提供不同的任务类型以使用户放松的结构设计,其主要是由于游戏的每一关时间并不长,这与角色扮演类游戏有明显的不同;PVZ 是一种游戏类应用,属于个人休闲娱乐范畴,因此并没有针对个人的行为进行监督与限制;PVZ 比较适合年轻人,这从游戏的内容与表现形式即"僵尸"主题就可以看出;PVZ 需要用户具有多样的知识技能,这些技能主要是在游戏的前期与中期通过学习获得的。如游戏的开始会出现头戴铁锅的男子为用户讲解游戏的操作技巧与作战目标,在游戏的进行过程中,该男子会在有新任务、新道具的情况下出现,为用户提供帮助,这些帮助情节可以让用户快速地掌握操控游戏的多样化技能(见图 6-13)。

图 6-13
PVZ 中的知识技能培养方案

(3)PVZ 的用户习惯分析:PVZ 软件的操作简单易懂,用户只需将选择的植物放在软件预设的位置即可,植物的升级是随着游戏进行自动更新的；游戏借助了近几年国内外的流行电影主题——僵尸入侵作为游戏的背景，因此符合时代特征。这个主题相较于其他的主题更刺激，更吸引用户的关注。但该游戏绝不是具有强烈恐怖色彩的成人游戏，游戏中的僵尸设计的都十分可爱，因此，低龄人也会接受并喜爱这些入侵的僵尸；随着游戏的进行，用户可操作的植物将会增加，这有利于更有效率地截杀僵尸，这是 PVZ 中的奖励机制。游戏的另一种奖励是僵尸的种类也会不断更新，这为游戏增加了乐趣；游戏中提供了排行榜与讨论区，这可以使具有相同游戏偏好的人们聚集在一起，交流游戏心得。

PVZ 游戏并没有明显偏向于社会强势群体或弱势群体的趋势，该游戏的主题与付费模式都相对中立，价格并不高，可以满足大众的要求；PVZ 游戏并没有完全按照人们的知觉定式去设计，一般认为僵尸总是与人类在战斗。PVZ 游戏突破了这种定式，以娱乐的心态面对僵尸。正如游戏的名字那样：僵尸与植物进行大战，这显然是一个不可能出现的场景，但这样却收到了意想不到的好评；PVZ 以动态图像作为界面中的主要内容，多种多样的植物与僵尸形象使该游戏产品具有强烈的吸引力。在游戏中，开发者为僵尸进行了多种设计，它们可以头戴安全帽、身穿橄榄球服、手拿盾牌，动作虽然僵硬，但十分有个性；PVZ 界面中的文字并不多，只是提供了简要的物品功能介绍；PVZ 界面中的图形差别明显，界面元素很难被误操作，如画面左边的植物添加按钮，植物之间区别明显，用户很难选错。画面中防御僵尸的植物布局方式是以统一的方格矩阵形式设计，这使画面更加整洁明确（见图 6-14）。

PVZ 中的信息没有过多的层次，内容主要表现在界面的首层，因此软件中并不需要层级式信息组织系统；PVZ 游戏可以适合不同文化水平用户的要求，软件对用户的前期技能要求不高，但用户必须有耐心并能克服困难才能坚持下去；PVZ 提供的用户

图 6-14
PVZ 界面中的图形差别明显

退出机制是开发 PVZ2，即 PVZ 续作，这可以满足用户不断提高的操作技能与对新鲜事物追求的需求；在传统的街机游戏中，要提供情节的临时挽救机制，即当游戏中的主人公遇到危险时，用户可以选用这种机制，如飞机射击类游戏中的炸弹、格斗类游戏中的特殊招式等。PVZ 针对用户面对的危机也提供了解决方案——特殊植物的大范围爆破，来应对危机局面；PVZ 并没有针对特定的环境进行设计，因为该产品在离线状态时是可用的，可以适合于各种不同的环境。

（4）PVZ 用户的主观规范分析：PVZ 用户受到主观规范因素的影响主要集中在社会大众对主流游戏的选择上，如微信推出了飞机射击游戏，受到了大众的追捧，这将会影响其他微信用户对游戏的选择。同时，游戏类型偏好是一种个人行为，他人对游戏的选择并不会直接影响用户对游戏产品的长期持有。

二、低黏性移动应用产品的用户体验模式分析

1. 私信

私信功能概述：私信是一款聊天交友软件，旨在帮助朋友间随

时随地保持顺畅的沟通。具体功能：支持文字、表情、图片实时在线交流互动，扫描二维码，支持视频交流（见图6-15）。

图6-15
私信移动应用

　　私信首先在软件的使用质量方面存在缺陷，其并没有为用户的维护与产品的成长打下坚实的基础。具体问题：当进入私信"我"功能模块时，软件会出现白屏的现象。当用户试图通过私信添加通信录中的好友时，软件出现了崩溃的现象。由此可见，私信在软件的容错性方面还需要提高；当用户通过私信链接电话本以增加好友时，却发现电话本中的朋友根本没有注册私信，在社交软件中找不到好友对于软件本身是最大的功能不足；私信定位是一款熟人聊天工具，软件内部没有提供任何的娱乐特征，用户使用软件时会感到枯燥无味；关于产品的功能结构，私信完整地复制了微信的功能模块，即私信包含私信、通信、发现、我四个功能模块，而微信的四个模块分别为微信、通信录、发现、我，不同之处在于私信的子功能都没有微信丰富。私信具有的优势：私信的用户主要来自人人网的实名制社交网络服务，这部分人群多数是高中生与在校大学生，他们是未来社会最有价值的互联网用户；私信可以促进用户的校园联谊与社交联谊。总之，私信基本的软件质量还存在很大的缺陷，用户下载软件后很难达到自身的心理预期。另外，私信并没有提供区别于微信的创新性功能或使用方式，这就很难说服用户放弃被广为使用的微信而转用私信，因此私信如果想产生用户黏性还需要提升产品品质。

2. 优购商城

优购商城（简称优购）功能概述：定位于优质时尚的大型B2C电子商务平台，销售商品集中于时尚服饰以及鞋包类商品。优购软件的功能结构主要分为五部分：首页、品牌、分类、购物车、更多。首页模块主要展示的是商城的主推产品与打折信息，品牌模块中将品牌分为推荐、运动户外馆、鞋包馆、女装馆，每个馆中又划分不同的服饰品牌（见图6-16）。

图 6-16
优购商城移动应用

首先，优购的软件产品质量基本可以保证用户的正常操作，虽然软件没有突出的亮点，但可以被用户轻松使用，软件在高强度的使用中没有出现崩溃的现象。在使用方面存在的问题是软件并没有让用户感到信任，原因在于软件没有为商城中的商品质量提供必要的保证。用户的资金安全很难得到保证，因为优购并没有类似于支付宝的中介机构保证资金安全，也没有亚马逊与京东的品牌力，因此用户使用软件具有资金损失的风险。其次，从沉浸体验的角度观察优购，优购属于微观沉浸体验类软件产品。产品提供的内容（销售商品的品质介绍）可以吸引消费者浏览，消费者可以通过该软件进入微观沉浸体验。再次，优购缺少用户的主观规范影响，主要表现在用户朋友圈很少有人使用该产品，当用户在该商城中购物时没有参照依据，这会激发用户对于风险的认知。优购并没有在主流大众媒体中宣传，用户对优购的认知程度较低，人们没有理由放弃淘宝、京东等认知程度与安全程度较高的商城而使用优购。因此，优购的劣势主要集中于缺少软件使用质量中的信任、黏性要素中的主观规范要素。

3. 爱看视频

爱看视频（简称爱看）功能概述：爱看是一款免费直播互动的零广告客户端，爱看提供视频直播、视频点播等节目内容（见图6-17）。

图6-17
爱看视频移动应用

爱看的主要功能模块分为首页、频道、直播、我的、离线，看爱的功能与多数的视频软件几乎一致。从软件的使用质量与产品质量角度分析，爱看产品提供了视频软件基本的功能，即用户可以观看与点播最新的视频。但由于爱看并没有自身的内容来源（爱看并不是内容的创造者），因此相比于优酷等竞争对手，爱看的视频内容不够丰富。从产品质量中的界面质量分析，爱看并没有根据手机屏幕的分辨率对界面进行适配调整，使用高分辨率屏幕手机观看软件时，软件的图标与文字会出现模糊的现象。从黏性的影响要素角度分析，一方面，爱看的操作并不符合用户的习惯。当用户第一次使用软件时，软件会强制性地要求用户进行注册，这会给用户一种受到监督与限制的心理感受，因此用户会由于麻烦而放弃使用软件。优酷的解决办法是在软件的下部弹出对话框进行提醒,这让用户有了选择的空间。另一方面,爱看缺少用户的主观规范影响力作为支撑,据调查,我国用户几乎不了解爱看,用户观看视频会主要集中在少数的几种软件,如下载量较大的优酷视频、腾讯视频、爱奇艺视频等,相较这些竞争对手,爱看视频并没有优势。

4. 合金塔防

合金塔防(简称合金)功能概述:合金是一款融合射击和塔防元素的策略游戏,用户可以使用武器攻击入侵的敌军,同时可以派遣士兵进行防守。游戏中包含大量的兵种、武器以及技能,用以组成防守战队(见图6-18)。

图6-18
合金塔防移动应用

从软件的使用质量与产品质量角度分析,用户可以通过合金完成自己设定的任务,即坚守城堡。但游戏并不能给用户提供塔防类游戏应该传递的快乐感与刺激感。原因:界面中的人物角色设定单调,肢体语言呆板;游戏的策略性不足,用户只能通过调整射击角度与派遣援兵的方式来对敌人进行攻击,游戏留给用户的控制权并不多;游戏缺少时代的流行元素,以第二次世界大战背景作为游戏的主题很难打动现今的用户;游戏界面设计的比较粗糙,界面风格处于二十年前的水平。总之,该游戏无论是基本的软件质量标准还是黏性标准都没有达到要求。

第三节 评估总结

　　从用户对于高黏性与低黏性产品的实际使用感受角度分析，在移动应用的沉浸体验方面，高黏性产品略高于低黏性产品，这反映了用户使用低黏性产品同样可以产生沉浸体验，只是沉浸值偏低，这也反映了它们提供的功能十分类似。从用户的使用习惯角度分析，一方面要考察操作习惯，由于高黏性与低黏性产品的功能类似，因此用户使用低黏性产品时并不会产生操作不习惯或发现自己所要功能缺失的情况。另一方面要考察用户对于产品的总体偏好。用户偏好的产品主要来自用户一直使用的移动应用，这说明用户持续地使用一段时间产品后会产生一定的依赖，这些被依赖的产品一般是早期创业成功的企业开发的产品。关于主观规范，高黏性与低黏性产品表现出很大的差异性。中国用户相比欧美用户更容易受到来自周围环境的影响，我们发现高黏性产品一定是多数人都在同时使用的产品，高黏性的产品一般都在各大媒体具有广泛的广告效应，而低黏性的产品往往知名度低，缺少他人的推荐。从产品质量角度分析，高黏性与低黏性产品的差异性也十分大。私信、优购、爱看三个样本产品从产品质量角度看可以实现用户所需要的最基本的功能，但它们缺少特色或原创性功能。合金塔防游戏相比于 PVZ，产品质量差距巨大，合金塔防在游戏的界面、操作、游戏难度设置上都很粗糙，PVZ 却可以成为优秀塔防游戏的样本。平台属性一般是购物类、社交综合类移动应用所具有的属性，因此在低黏性产品中只有优购具有这一属性，但优购的用户量太小，因此即使它具有这一属性，对自身黏性的促进作用也并不大，分析与评估的数据如图 6-19 与图 6-20 所示。

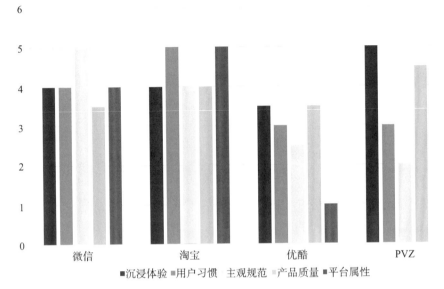

图 6-19
高黏性产品评估数据

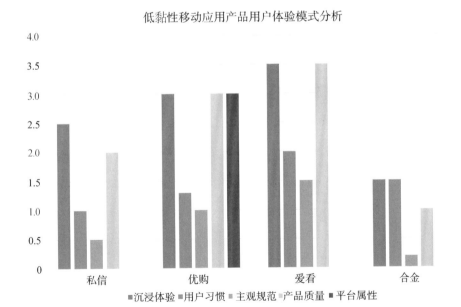

图 6-20
低黏性产品评估数据

07

第七章
研究结论与讨论

移动应用黏性与用户体验设计模式研究
Mobile Applications Stickiness and
the Design of User Experience Patterns

前文基于社会学与心理学相关理论建立了分析移动应用用户黏性形成的理论模型，并用统计学方法针对模型进行了实证研究。研究利用黏性形成理论模型中发现的变量（用户黏性影响因素）从移动应用产品角度进行深入的剖析，从而寻找促成移动应用黏性形成的用户体验模式。本章首先对整个研究进行总结，概括主要研究结论；其次结合移动应用的设计与开发过程，对企业与个人开发者提出若干建议；最后说明研究中存在的不足与今后的研究展望。

一、研究结论

本研究共得到三个重要的研究结论：

（1）移动应用用户黏性行为意向的形成机制受多个变量的直接与间接影响。

（2）移动应用用户体验模式的基本维度包含用户感知移动应用使用质量与产品质量模式。

（3）移动应用用户体验模式的核心维度包含沉浸体验、习惯与主观规范模式。

二、移动应用的设计与开发启示

1. 移动应用要满足最基本的软件产品质量标准

移动应用属于软件产品，因此对于软件产品制定的成熟质量标准同样适用于移动应用。ISO/IEC 25010 软件质量模型是一个通用的软件质量管理模型，该模型对软件的适用性、可靠性、性能与效率、可操控性、安全性、兼容性、可维护性与可移植性都做了详细的规定。因此，对于移动应用的开发者首先要用这些标准去评价与测试目标产品，这样才能保证自己开发的产品具有基本的质量保证。移动应用拥有较高的产品质量是该应用能够具有黏性与获得成功的前提条件。近些年用户对移动应用的要求不断提高，要使产品令人满意，只做到产品具有可靠的质量是远远不够的，对用户使用感受的关注已经成为评价产品质量的标准之一。由此可见，对于产品的质量评价标准越来越倾向于用户使用时的实际感受。

2. 移动应用可以尝试让用户进入一种沉浸体验状态

对于用户而言，从事一项活动时可以进入沉浸状态将是一种十分美妙的体验。移动应用的开发者可以通过设计使自己的产品产生这种体验，本研究的结论也证明了沉浸体验是产生用户黏性的主要因素之一。在实际设计过程中，要使产品具有这种特征并不容易，因为沉浸体验对于用户而言是自然产生的，并不是产品功能符合用户的需求就可以产生。因此，开发者开发产品时除了要考虑市场对于产品功能的需求外，更要考虑目标用户的人格特征、使用动机等产品之外的制约因素。开发者要不断地通过这些因素来检验自己的产品是否可以为用户带来沉浸体验。

3. 移动应用设计要考虑用户的使用习惯

移动应用设计要考虑用户的使用习惯，可以从两个方面入手：一方面移动应用应该适应用户已经形成的固有习惯，这些习惯包括应用的界面布局、操作特点、功能特征等，如微软的 Windows 8 操作系统在开始菜单中将"开始"按钮隐藏掉了，这种设计就违背了电脑用户长期使用 Windows 系统的习惯，在该系统中用户很难找到"更多应用程序"，因此，微软在下一代操作系统 Windows 10 中又恢复了"开始"按钮。另一方面移动应用可以培养与改变用户的使用习惯。如果用户原来的习惯并不利于产品的使用效率，那么设计研究小组就要通过一系列的用户测试解决问题，从而提高产品的工作效率。值得注意的是，改变用户长期养成的习惯是非常困难的，难度大大超过了适应用户习惯。

4. 移动应用设计要考虑用户所受到的来自社会与他人的影响

在设计移动应用产品时，除了要考虑用户自身的实际使用需要外，还要考虑用户拥有产品的真实目的。有时用户使用产品并不是自身真的十分需要，而是受到了来自他人的压力或影响。例如社交类应用产品，用户对于产品的选择主要依赖于外界对自身的影响，如果用户周围的人都使用同一种移动应用，那么该用户只能选择人们的共有产品。这时如果用户发现一个新移动应用产品的各种性能指标都超过这个流行应用，但使用的人很少，那么用户同样不会选择这个优秀的产品，这与应用产品质量无关。因此，开发者要分析自己待开发的产品是否具有以上的不利环境，如果有，那么产品获得成功的机会将会大大降低。

5. 在开发新产品前，要考虑替代品的竞争力

在设计移动应用前，要针对待开发的产品进行细致的替代品分析。替代品包括直接替代品与间接替代品，直接替代品可以理解为与待开发产品功能一致，用户可以二者选其一的类似产品。如果开发者发现自己产品的直接替代品很多，而且功能都很完善，那么开发者就一定要寻找自身产品的差异性。这种差异性要让用户可以清晰、快速地感受到，其目标是影响用户的习惯，因为用户很可能已经建立了使用竞争产品的习惯。间接替代品指功能与目标产品并不完全相同，待开发的产品只是其他产品功能的一部分或有其他的产品分别属于待开发产品的部分功能，如微信与飞机竞技游戏并不是直接竞争的关系，但微信中包含飞机竞技游戏，因此微信就属于该竞技游戏的间接替代品。

6. 为使用户不宜轻易放弃使用目标产品，开发者应在应用产品中增加转换成本

移动应用与传统的软件产品比较，转换成本相对较低，移动应用占用的空间小、购买方式多数是免费模式，因此，用户很容易实现产品的转换。在开发者为应用设置转换成本时，要考虑用户在转换过程中与转换后分别要付出怎样的努力，这些努力就是开发者要为应用增加的内容。如一个具有云服务的记事本就比没有云服务的同类产品拥有更高的转换成本，因为用户会通过云服务上传自己记录的数据。当用户要实施产品转换时，他们就会考虑如何处理服务器中的数据。如果迁移数据，那么操作将很麻烦，因此具有云服务的产品将会更有可能留住用户。但转换成本对于移动应用只是一种被动的设计因素，移动应用如果想真正获得用户的喜爱，那么更主要的还是从黏性的驱动要素，即黏性的核心要素角度去设计。

三、研究局限与展望

1. 研究局限

尽管本研究提出了关于移动应用黏性的理论与设计模式，但研究也存在着局限性。局限性主要体现在以下几个方面：

一是对于移动应用的影响因素，除了本研究关注的几个变量外还有其他的重要因素会对移动应用的黏性产生影响，如移动应用的产品类型与用户类型。由于产品的类型不同，用户对其的期待值也会产生差异，例如用户使用天气软件是不可能产生宏观意义的沉浸体验的，其黏性的表现特征是用户一天只会快速地浏览一至两次，因此，天气类型应用对用户的总体黏性相对较小。从用户类型的角度分析移动应用的黏性是十分有必要的，因为不同的用户会选择不同的应用，对同样的移动应用会产生不同的态度。二是研究的样本全部来源于在校大学生，这会对黏性研究的精确性产生影响。根据文献综述部分已经得到的数据，我国的移动应用用户越来越向全年龄段普及，尽管年轻人仍然占大部分。这说明移动应用的用户覆盖范围越来越广泛，大学生并不能覆盖其全部，对于大学生之外的人群偏好并没有进行研究，这会影响研究的精确度与普遍程度。三是对于黏性形成的具体设计原则，研究只是通过深入的用户访谈这种研究方法，这部分用户所陈述的观点是否足够可信还有待验证。在访谈的过程中，不同用户有时会对某一产品的特征产生不同的观点，有时还会对同一产品的黏性形成原因产生分歧，这些时候研究并不能形成统一的观点，因此，研究中的设计原则结论是综合了各种建议并融入了作者的主观取舍。四是研究理论主要是面向移动应用开发与设计，没有提供利用此理论进行实际设计的案例，以证明此理论的现实价值。五是研究没有针对用户的使用行为进行实验观察，因此，研究缺少了用户产生不良感受的客观依据，实验室观察方法对于寻找低黏性移动应用的低黏性形成原因会有很大的帮助。六是研究只研究了用户黏性的积极一面，并没有论述黏性为用户带来的负面影响。如现今人们过度依赖手机，产生了各种生理与心理疾病，这严重影响了人们的日常生活。

2. 研究展望

上述的研究局限将会为未来的进一步深入研究提供机会，未来的研究工作将集中在以下方面：

一是针对不同种类的移动应用分别研究黏性。从应用所提供的功能角度分析，各种移动应用之间的差异性十分明显。如游戏类应用与效率类应用所提供的功能与服务完全不同，游戏侧重于为用户提供一种刺激或快乐的使用体验，用户可以在一段时间内

（可以较短，如一周内）使用目标产品，这就已经证明了该游戏产品是具有黏性的。效率应用侧重于长期地帮助用户，用户至少要持有该产品半年以上才能说明该产品具有黏性。因此，为不同的移动应用分别制定黏性标准是有必要的。二是拓展研究的样本范围，将用户的选择范围与数量同时扩大，这样对于移动应用的研究将更为准确。因为有的移动应用虽然被广泛使用，但不同年龄段的用户对其的评价并不相同，如果样本的数目不够或只针对特定的人群进行研究，那么其结果会出现偏差。三是针对用户的使用行为可以进行客观的实验观察。在研究中除了要听取用户所描述的使用感受外，还要观察与记录他们针对移动应用的特定任务所采取的行动，这对研究低黏性产品的成因十分重要。有时用户并不是真正了解自己在哪些环节开始抵触目标软件，让他们回忆细节是很困难的，因此，针对用户的实验观察可以发现用户使用中的困难，进而为改进移动应用的黏性特征提供依据。四是在移动应用开发的过程中对研究得到的理论进行项目测试，在设计与开发的过程中发展与完善该理论。五是针对黏性的负面影响进行研究，这些影响可以从社会学角度进行探讨，解决移动应用黏性所带来的对真实生活的冷漠态度与过于沉迷于游戏的社会影响等问题。另外，也可以从人因工程学的角度探讨过度使用移动应用所造成的各种生理不良反应，进而对移动应用进行用户体验方面的改进。

后记

随着智能手机、平板电脑等移动终端的快速普及，大众逐渐接受了通过移动应用完成衣、食、住、行等生活中的各种任务，移动应用现今已经成为人们生活中的必需品。与传统的桌面端应用相比，移动应用具有获取价格低廉、充分利用碎片化时间、可随时随地使用等特点，伴随着移动互联网的发展而变得适用范围更为广阔。

我国移动用户对移动互联网的使用习惯是免费模式，作为移动互联网入口的移动应用，其盈利方式一般为软件产品免费提供给用户，开发者通过移动应用内部的付费服务或植入广告收取费用。有别于传统应用程序的直接销售授权模式，移动应用的免费模式除了需要用户下载、获得软件外，还需要用户长时间、持续地使用目标产品，只有这样，企业或个人开发者才能通过移动应用实现盈利。

通过理论分析与实证检验，本书取得的结论如下：

一是移动应用用户黏性行为意向的形成机制受多个变量的直接与间接影响。在移动应用用户黏性形成的概念模型中，总体满意与用户感知价值是两个中介变量；习惯与主观规范通过总体满意间接影响用户的黏性意向；习惯对用户的黏性意向同时具有直接影响，习惯还会作用于转换成本；感知应用质量会影响用户感知质量与沉浸体验；沉浸体验影响用户感知价值、总体满意直接作用于用户黏性意向；转换成本直接作用于用户黏性意向；替代品吸引力影响转换成本并直接作用于用户黏性意向。

二是从基本维度构建了基于黏性影响因素的用户体验模式。基本维度是移动应用产生黏性的基础，是移动应用可以被用户接受的通用评价指标。移动应用满足基本维度可以保证产品具有高质量、可以被用户使用，但并不一定具有黏性特征。反之，如果移动应用不能满足基本维度的要求，那么必然不会被用户接受，更不会产生黏性。

三是从核心维度构建了基于黏性影响因素的用户体验模式。核心维度是移动应用黏性产生的驱动因素，是黏性形成的必要条件。核心维度包含基于沉浸体验结构化特征的黏性因素、基于用户习惯的黏性因素与基于主观规范的黏性因素三部分。

附录 1

移动应用用户黏性行为意向调查表

××，您好！

我是北京理工大学设计与艺术学院的博士研究生付久强，感谢您参与此项研究，本次调查是为了了解影响移动应用用户黏性行为意向的因素，仅为学术研究使用。答案没有对错，请根据实际情况填写，我们将为您严格保密。

> 在填写问卷前，请先选择您常用的软件以用来进行评测，注意是单项选择。
> 您愿意评测的对象是（　　）。A.淘宝 B.微信 C.QQ D.京东 E.优酷视频 F.爱奇艺视频 G.墨迹天气 H.美图秀秀 I.QQ音乐 J.百度地图 K.大众点评 L.百度浏览器

被调查者的基本情况

1. 您的性别：□男　　□女

2. 您的年龄：□18岁以下　□18~25岁　□26~40岁　□41~60岁　□61岁及以上

3. 您受教育的程度：□初中及以下 □高中 □大专 □本科 □硕士研究生及以上

4. 您的职业：(　　　　　　　　　　　　　　　　　　　　　　　　)

5. 您使用已选择应用的时间跨度：□3个月以下　□3~6个月　□6~12个月　□12~24个月　□24个月以上

6. 您一天中使用已选择应用的时间：(　　　　　　　　　　　　　　　)

请您针对所选择的软件，从以下问题后的数字中做出选择，表示您对问题的同意程度。其中，1代表完全不同意，2代表不同意，3代表不确定，4代表同意，5代表完全同意。请您在选定的数字上打"√"或做出其他标记。

第一部分：总体满意调查	完全不同意	不同意	不确定	同意	完全同意
1. 我对使用该软件感到满意	1	2	3	4	5
2. 我对使用该软件感到高兴	1	2	3	4	5

第二部分：主观规范调查	完全不同意	不同意	不确定	同意	完全同意
3. 您的家人或极为重要的人认为您应该使用此软件	1	2	3	4	5
4. 您的同事或同学认为您应该使用该软件	1	2	3	4	5
5. 您的朋友认为您应该使用该软件	1	2	3	4	5
6. 您认识的人认为您应该使用该软件	1	2	3	4	5

第三部分：习惯调查	完全不同意	不同意	不确定	同意	完全同意
7. 该软件是我经常使用的软件	1	2	3	4	5
8. 该软件是我偏好的软件	1	2	3	4	5
9. 当需要时，我会首先想到该软件	1	2	3	4	5
10. 我经常从该软件中获取信息	1	2	3	4	5
11. 使用该软件对我来说已经变成自动或下意识的了	1	2	3	4	5

第四部分：用户黏性行为意向调查	完全不同意	不同意	不确定	同意	完全同意
12. 我计划未来继续使用该软件	1	2	3	4	5

第五部分：用户感知价值调查	完全不同意	不同意	不确定	同意	完全同意
13. 该软件具有高质量，很少崩溃	1	2	3	4	5
14. 该软件可以完成我安排的任务	1	2	3	4	5
15. 随着软件的更新，该软件正在变得越来越好	1	2	3	4	5
16. 使用该软件可以改观别人对我的态度	1	2	3	4	5
17. 使用该软件可以让生活更美丽	1	2	3	4	5
18. 使用该软件可以增强我的信心	1	2	3	4	5

19. 我由于喜欢软件中的内容信息而使用该软件	1	2	3	4	5
20. 软件的内容可以提高我的个人素质与知识水平	1	2	3	4	5
21. 我喜欢该软件代表的文化	1	2	3	4	5

第六部分：感知质量调查	完全不同意	不同意	不确定	同意	完全同意
22. 该软件提供了必要且合理的功能，可以满足我的需求	1	2	3	4	5
23. 该软件提供了足够的内容信息，可以满足我的需求	1	2	3	4	5
24. 该软件的界面设计给我带来美的享受	1	2	3	4	5
25. 使用该软件时，我不害怕自己操作错误	1	2	3	4	5
26. 该软件的界面布局与信息内容很清晰，我可以找到想要的功能	1	2	3	4	5
27. 该软件占用系统的内存很少	1	2	3	4	5
28. 该软件操作起来很方便	1	2	3	4	5
29. 该软件是安全的，可以有效保护我的个人隐私与资金安全	1	2	3	4	5

第七部分：替代品吸引力调查	完全不同意	不同意	不确定	同意	完全同意

与此软件类似（竞争的）的软件具有：

30. 很好的形象	1	2	3	4	5
31. 很好的声誉	1	2	3	4	5
32. 很好的服务	1	2	3	4	5
33. 很好的功能	1	2	3	4	5
34. 很好的用户体验	1	2	3	4	5

第八部分：转换成本调查	完全不同意	不同意	不确定	同意	完全同意
35. 我感觉更换该软是不必要的	1	2	3	4	5
36. 我感觉更换软件后我得不到现在的服务	1	2	3	4	5

37. 我感觉更换该软件是很麻烦的事	1	2	3	4	5
38. 对我来说，从该软件转换到其他软件在时间、努力与学习的成本上是提高的	1	2	3	4	5

（沉浸体验：当人们从事自己喜欢的活动时会不自觉地沉浸其中，这时个人的注意力会高度集中，会不自觉地过滤掉周围事件的影响。）

第九部分：沉浸体验调查	完全不同意	不同意	不确定	同意	完全同意
39. 我确信我已经体验到这种完全投入的痛快感	1	2	3	4	5
40. 我觉得这种沉浸其中的快乐感是一种非常强烈的感受	1	2	3	4	5

第十部分：用户黏性行为调查	完全不同意	不同意	不确定	同意	完全同意
41. 在过去的一周中，我频繁地使用该软件	1	2	3	4	5

附录 2
用户访谈问卷

第一部分：基本维度

（注：该问卷只有通过第一部分的测试才能进入第二部分，因为第一部分是该应用质量的基础，没有第一部分的保证该应用不可能拥有用户黏性）

- 您是否可以通过使用该应用完成自己的预定任务？

请选择：□可以完成　□不能完成　□不确定

- 为什么？

如果上题选择"可以完成"，那么以下哪些陈述符合您的看法？

□ 该应用可以促进我的社交圈子

□ 该应用具备高效率

□ 使用该应用使我满意

□ 该应用是值得信赖的

□ 使用该应用是有趣的

□ 使用该应用是舒适的

□ 使用该应用时我不需要考虑太多的经济风险

□ 使用该应用时我不需要考虑太多的健康风险

□ 使用该应用时我不需要考虑太多的环境风险

□ 使用该应用时我不需要考虑太多的安全风险

□ 使用该应用并不占用太多的手机系统资源

□ 该应用可以多平台使用

□ 其他原因（请说明）

- 如果上题选择"不能完成"或"不确定"，则请直接陈述自己的看法。

第二部分：核心维度

1（a）.沉浸体验（微观）

● 您在使用该应用时，可以暂时忘记周边的事物。

请选择：□同意　□不同意　□不确定

● 为什么？

如果上题选择"同意"，那么以下哪些陈述符合您的看法？

□ 我使用该应用正变得更加熟练，但该应用同时变得更丰富，我有不断使用下去的欲望

□ 该应用符合我的认知习惯（偏向图片、偏向文字或二者兼有）

□ 我可以在想要的环境中使用该应用

□ 我可以在社会中放心地使用该应用，而不用担心受到干涉

□ 我可以在想要的时间内使用该应用

□ 使用该应用并不会枯燥

□ 我认为使用该应用对我来说是非常重要的事情

□ 该应用并没有对我产生太多的限制

1（b）.沉浸体验（宏观）

● 您在使用该应用时，可以完全投入并完全忘记周边的事物。

请选择：□同意　□不同意　□不确定

● 为什么？

如果上题选择"同意"，那么以下哪些陈述符合您的看法？

□ 使用该应用有一定的难度，但正是这种难度激励我持续地使用

□ 使用该应用的过程中可以得到明确的反馈

□ 使用该应用的每个任务都有明确的目标

□ 该应用的内容中有我喜欢的任务或活动

□ 该应用考虑到了我使用该应用或从事新任务的先前状态

□ 该应用并没有对我有过多的限制

□ 该应用的使用者多数为低龄人群

□ 该应用的顺利使用需要多种技能

□ 该应用的顺利使用需要完整地完成一项工作或任务

□ 我认为自己使用该应用的行为是重要的

2. 用户习惯

● 使用该应用已经成为您日常中的习惯行为。

请选择：□同意　□不同意　□不确定

● 为什么？

如果上题选择"同意"，那么以下哪些陈述符合您的看法？

□ 该应用的操作独特而简单
□ 该应用的界面符合流行趋势，应用的内容符合时代特征
□ 该应用的功能围绕着人们的"吃穿住用行"等人类的基本需求
□ 使用该应用，我可以得到适当的奖励
□ 使用该应用，我可以发现志同道合的人
□ 该应用的内容展现了社会的先进人群
□ 随着使用该应用，我的某方面知识得到了提高
□ 该应用符合我原来的操作习惯与执行习惯
□ 该应用入门没有难度
□ 该应用倾向于使用图形展示信息
□ 该应用的文字部分论述深刻合理
□ 该应用的界面部分清晰明了，我很容易理解
□ 该应用是通过任务或事件分类信息的
□ 该应用将复杂的信息分解成若干个信息组，这有助于理解
□ 该应用可使用的人群范围较广
□ 该应用可以帮助我安排活动
□ 该应用可以帮助我设立评价标准
□ 该应用可以帮助我识别自己的习惯
□ 该应用可以帮助我形成改变习惯的欲望
□ 该应用可以帮助我解释旧习惯的成因
□ 该应用利用正面信息取代负面信息
□ 该应用可以帮助我制订计划
□ 该应用可以不断地鼓励我
□ 该应用在我坚持不住时会制订一个应急计划
□ 该应用考虑了我的下意识行为

- [ ] 该应用考虑了我使用软件时的最常见情境条件

3. 主观规范

● 您使用该应用很大的一部分原因是受到了周围朋友的影响。

请选择：□同意　□不同意　□不确定

● 为什么？

如果上题选择"同意"，那么以下哪些陈述符合您的看法？

- [ ] 使用该应用是受别人的影响
- [ ] 使用该应用使我可以得到好处
- [ ] 使用该应用可以提高我的身份价值
- [ ] 我是受到各大媒体的影响才接受该应用的
- [ ] 使用该应用可以使我拥有更和谐的社会关系